纺织服装"十三五"部委级规划教材

时尚女装 _{修订版}

柴丽芳 梁琳 编著

结构设计与纸样

东华大学出版社·上海

图书在版编目（CIP）数据

时尚女装结构设计与纸样/柴丽芳，梁琳编著.—修订版—上海：东华大学出版社，2019.9
ISBN 978-7-5669-1633-4
I.①时…Ⅱ.①柴… ②梁… Ⅲ.①女服－结构设计②女服－纸样设计 Ⅳ.①TS941.717

中国版本图书馆CIP数据核字（2019）第181999号

责任编辑　谢　未
封面设计　王　丽

时尚女装结构设计与纸样（修订版）
Shishang Nüzhuang Jiegou Sheji yu Zhiyang

编　　著：柴丽芳 梁 琳
出　　版：东华大学出版社
（上海市延安西路1882号　邮政编码：200051）
出版社网址：dhupress.dhu.edu.cn
天猫旗舰店：http://dhdx.tmall.com
营销中心：021-62193056　62373056　62379558
印　　刷：上海龙腾印务有限公司
开　　本：889mm×1194mm　1/16
印　　张：13.25
字　　数：466千字
版　　次：2019年9月第2版
印　　次：2019年9月第1次印刷
书　　号：ISBN 978-7-5669-1633-4
定　　价：45.00元

前　言

　　本书选取了近年来市面上较流行的各类女装款式，涵盖了Ｔ恤与衬衫、半裙、裤子、连衣裙、外套等类别，分别画出了款式图、结构设计图和纸样完成图。

　　近年来，时尚女装款式廓型多变，风格多样，结构变化灵活，款式丰富多彩。不对称、假两件、多褶、多层、荷叶边、连身袖等款式细节应用较多；一些传统的合体部位被改造成宽松舒适的结构，如蝙蝠袖、吊裆裤等。另外，弹性材料的应用也越来越广泛，这对原来传统的结构设计方法提出了挑战。

　　本书力求展现设计手法灵活，具有一定结构处理变化技巧的服装款式，详尽地介绍结构设计处理的步骤、方法和技巧，最后得到纸样完成后的完整裁片图。

　　本书列出了每一个款式不同号型的规格尺寸表，以便放码时参考使用；在Ｔ恤和裤子的章节中，还列出了每个款式的建议面料等细节。

　　本书适宜用作企业从业人员的参考工具书，也适合各类服装院校学生作为"服装结构设计"课程的提高篇使用。

　　感谢梁琳、李金燕绘制了本书的款式图。

　　（注：本书图上未标明尺寸的地方，单位均为厘米）

编著者

目 录

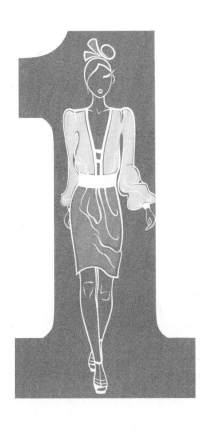

第一章 女装基本纸样
与常见处理技巧

一、制图参考尺寸表、制图符号、常用字母缩写代号

制图参考尺寸见表1-1。

表1-1 制图参考尺寸表　　　　　　　　　　　　　　　　单位：cm

部位	规格			
	S	M	L	XL
身高	155	160	165	170
胸围	76	84	88	92
腰围	64	68	72	76
臀围	86	90	94	98
上臂围	26	27	28	29
腕围	16	16	17	17
掌围	20	20	21	21
头围	56	57	57	57
颈围	37	39	39	41
总宽	38	39	40	41
背宽	34	35	36	37
胸宽	33	34	35	37
背长	36	37	38	39
臀长	17	18	19	20
袖长	50	52	54	56
上裆长	25	26	27	28
裤长	92	95	98	101

说明：

（1）本书实例采用160/84A，即M码为中间号型制图；

（2）实例中，胸围用B表示，腰围用W表示，臀围用H表示。

表1-2 制图符号

名称	说明	制图符号
辅助线	制图基础线	———————
完成线	纸样的边线、省线、分割线等。表示纸样的裁剪线、缝合线、工艺处理线	————
连折线	表示衣片在排料时以此线为对称轴，对称裁剪成一整片	- - - - - - - - -
等分线	将某线段划分成若干等分	
直丝线	表示面料的经向	←————→
省缝线	省结构的缝合线	
缝缩线	衣片抽细褶	
重叠符号	两个衣片在制图时，一部分衣片重叠在一起，用重叠符号表示重叠部分的各自归属衣片	
褶裥符号	服装上的规则褶，如倒褶、对褶等。阴影斜线的方向是布料压褶的方向	

续表

名称	说明	制图符号
相等符号	在同一个款式的纸样图中，用△、□、◇、▲、○等符号表示不同部位的线条长度对应相等	
合并符号	将不同衣片上切割下来的部分或两个衣片合并在一起，成为一片	
直角符号	两线垂直相交成90°	
切开符号	沿图样中线剪切开	

表1-3 常用字母缩写代号

简写	含义	对应英文
B(L)	胸围（线）	Bust (Line)
H(L)	臀围（线）	Hip (Line)
W(L)	腰围（线）	Waist (Line)
MH(L)	中臀围（线）（腹围线）	Middle Hip (Line)
BP	胸点	Bust Point
L	衣长	Length
SL	袖长	Sleeve Length
AH	袖窿长	Arm Hole
KL	膝线	Knee Line
EL	肘线	Elbow Line

二、制图基本纸样

制图基本纸样见图 1-1 ～图 1-3。

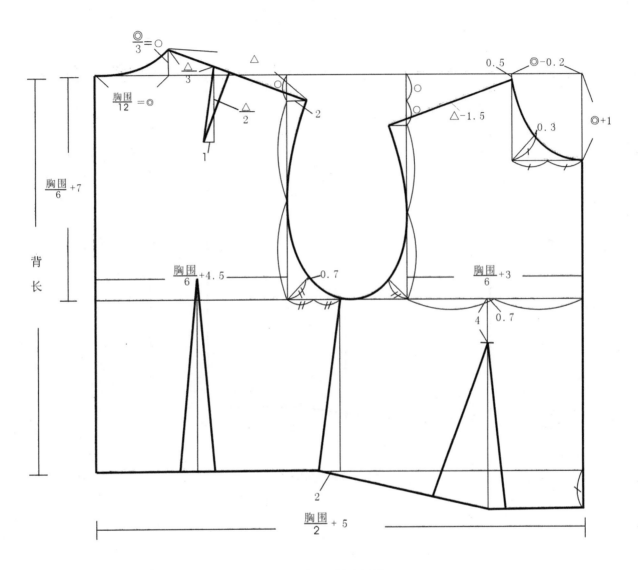

图 1-1　衣身制图基本纸样

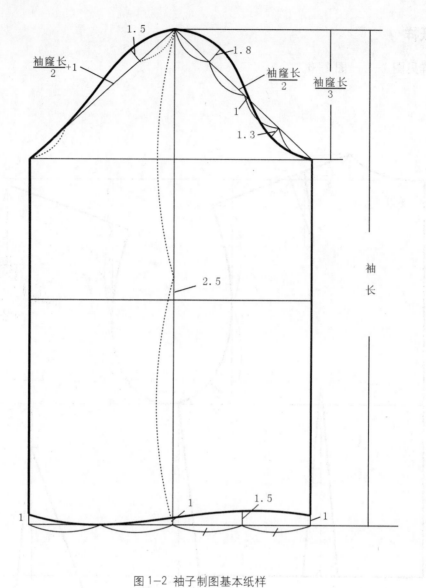

图 1-2 袖子制图基本纸样

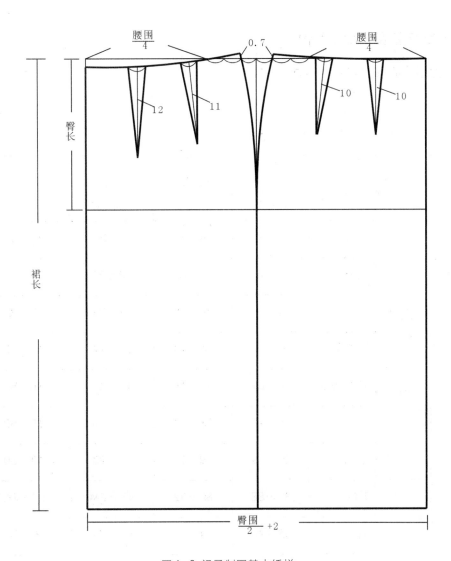

图 1-3 裙子制图基本纸样

说明：

（1）本书参考日本文化式原型作为基本纸样，登立美式原型、东华原型等其他原型均可以通用；

（2）本基本纸样胸围放松量为 10cm，臀围放松量为 4cm，松紧适度，既包含人体的基本生理活动量，又满足人体日常活动所需的放松量，适合制作合体的套装。其他廓型的服装则有必要在此基本纸样的基础上修改放松量、衣长并进行结构处理。

三、各类服装放松量及长度参考值

（一）常见女上装成衣胸围及衣长（表1-4）

表1-4 常见女上装成衣胸围及衣长　　　　　　　　　　　　　　　　单位：cm

服装类别		胸围			衣长
		紧身型	合体型	宽松型	
胸围放松量与衣长增加量	T恤	−2～4	4～8	8～20	−10～10
	衬衫	4～6	6～10	10～24	−10～10
	连衣裙	4～6	6～12	12～24	25～70
	机织外衣	8～14	14～18	18～24	−10～50
	针织外衣	6～10	10～16	16～22	−10～50
	棉衣	14～18	18～22	22～26	−10～50
	羽绒服	16～19	19～24	24～28	−10～50
增加后成衣尺寸	T恤	82～88	88～92	92～104	52.5～72.5
	衬衫	88～90	90～94	94～108	52.5～72.5
	连衣裙	88～90	90～96	96～108	87.5～132.5
	机织外衣	92～98	98～102	102～108	52.5～112.5
	针织外衣	90～94	94～100	100～106	52.5～112.5
	棉衣	98～102	102～106	106～110	52.5～112.5
	羽绒服	100～103	103～108	108～112	52.5～112.5

（二）常见女下装放松量及成衣裤长（表1-5）

表1-5 常见女下装放松量及成衣裤长   单位：cm

服装类别		臀围			腰围		
		紧身型	合体型	宽松型	紧身型	合体型	宽松型
常见放松量	短裤	4~8	8~12	12~18	−2	0~2	2~4
	长裤	4~8	8~12	12~18	−2	0~2	2~4
	棉裤	6~10	10~14	14~20	−2	0~2	2~4
常见成衣尺寸	短裤	94~98	98~102	102~108	66	68~70	70~72
	长裤	94~98	98~102	102~108	66	68~70	70~72
	棉裤	96~100	100~104	104~110	66	68~70	70~72

四、上衣基本纸样肩线处理技巧

上衣基本纸样肩线处理技巧见图1-4～图1-6。

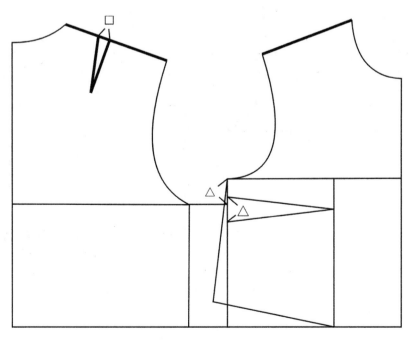

图1-4 方法1：适用于有肩胛省缝合线或
可以将肩胛省转移至新位置的服装款式

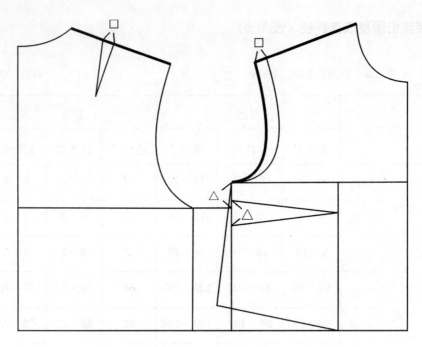

图1-5 方法2：适用于半合体型或宽松廓型的款式

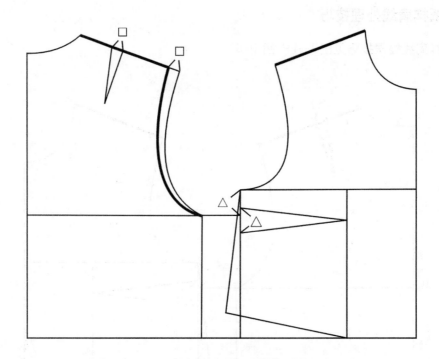

图1-6 方法3：适用于合体型或窄肩的款式

五、上衣基本纸样腰线处理技巧

上衣基本纸样腰线处理技巧见图1-7~图1-10。

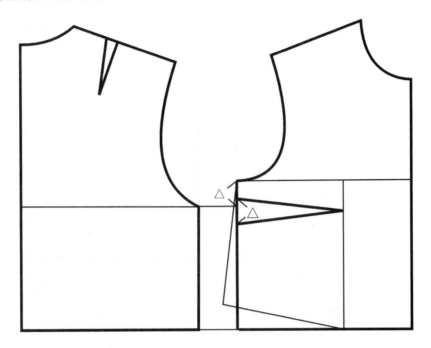

图1-7 方法1：适合胸凸量饱满的合体型服装

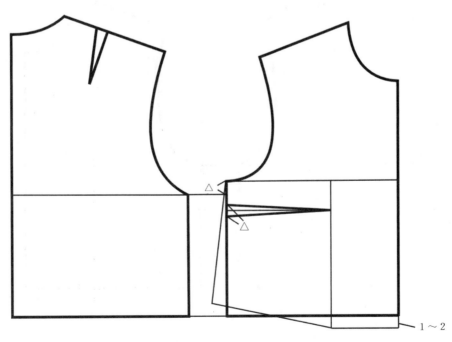

图1-8 方法2：适合有一定胸凸量的半合体型服装

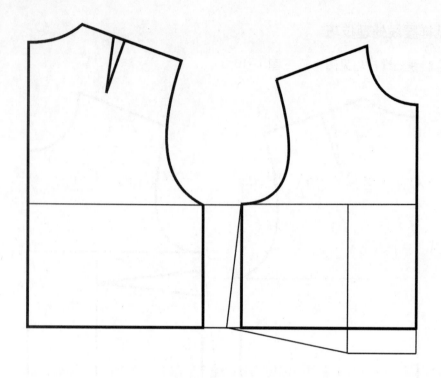

图 1-9 方法 3：适合无胸凸量的宽松平面型服装

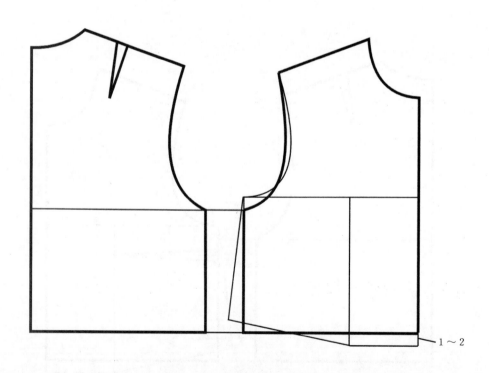

图 1-10 方法 4：适合有一定胸凸量的半合体型无省服装

第二章　T恤与衬衫
结构设计与纸样

一、款式1：民族风无袖短款背心

（一）款式描述（图2-1）

面料：棉、麻、丝、混纺；

弹性：无；

厚薄：薄或常规厚度；

长度：短款；

廓型：小A型；

款式特征：立领，对襟，无袖。

图2-1 民族风无袖短

款背心款式图

（二）规格尺寸表（表2-1）

表2-1 规格尺寸表   单位：cm

尺码	胸围	后衣长	肩宽	领高
S	86	42	36	5
M	90	43	37	5
L	94	44	38	5
XL	98	45	39	5

（三）制图要点

（1）肩线长度缩短2cm，使背心的肩点避开人体肩点位置，便于活动；

（2）胸围在前片侧缝处减少2cm，使服装的胸围整体放松量为6cm，达到合体的目的；

（3）基本纸样的腋下点向上抬高1cm，使腋下处覆盖人体更加紧密；

（4）基本纸样的胸凸省、肩胛省转移到下摆处，成为下摆的放松量，使背心呈现A廓型。

（四）结构设计与纸样（图2-2、图2-3）

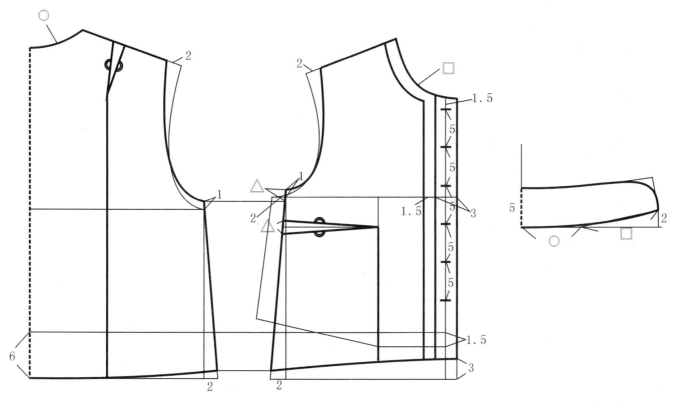

图2-2 结构设计图

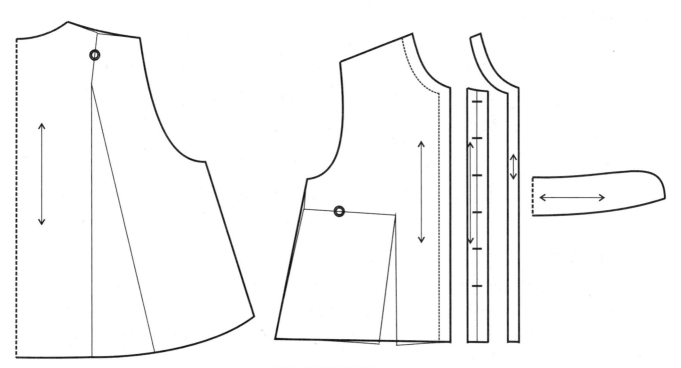

图2-3 纸样完成图

二、款式 2：不对称系带 T 恤

（一）款式描述（图 2-4）

面料：棉、麻、丝、混纺；

弹性：无弹性或微弹；

厚薄：薄或常规厚度；

长度：常规款；

廓型：H 型；

款式特征：无领，不对称，无袖。

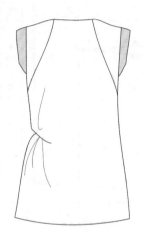

图 2-4 不对称系带
T 恤款式图

（二）规格尺寸表（表 2-2）

表 2-2 规格尺寸表   单位：cm

尺码	胸围	后衣长	肩宽
S	90	57	38
M	94	59	39
L	98	61	40
XL	102	63	41

（三）制图要点

（1）延长后肩线 2.5cm，延长前肩线 4cm，使前后肩线长度相等，画出袖口宽度 2cm；

（2）保持基本纸样的胸围放松量不变，腋下点位置不变；

（3）画出前门襟搭接量 6cm，左大身进行分割，亦可根据设计在分割线上加出底摆的放松量（或如本例纸样所示，只作为分割线处理）。

（四）结构设计与纸样

（图2-5、图2-6）

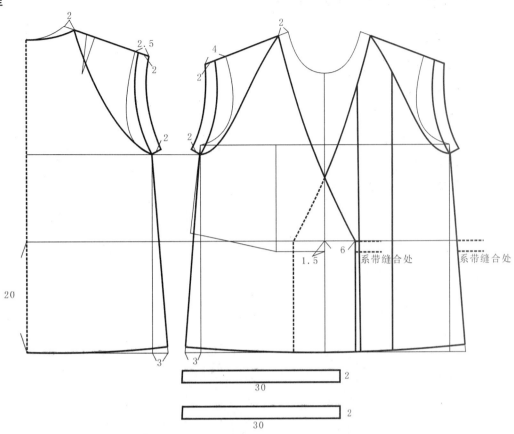

图2-5 结构设计图

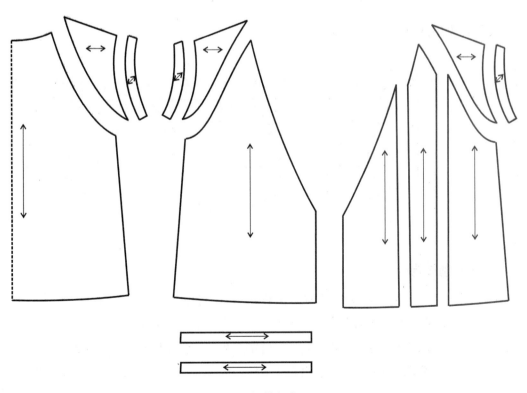

图2-6 纸样完成图

三、款式 3：简洁舒适无袖开衫

（一）款式描述（图 2-7）

面料：棉、丝、混纺；

弹性：低弹；

厚薄：薄或常规厚度；

长度：常规款；

廓型：H 型；

款式特征：无领，无袖，无搭门。

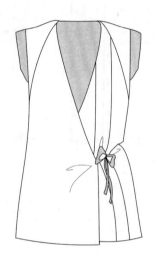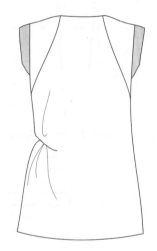

图 2-7 简洁舒适无
袖开衫款式图

（二）规格尺寸表（表 2-3）

表 2-3 规格尺寸表   单位：cm

尺码	胸围	后衣长	肩宽	领高
S	88	51	44	3
M	92	53	45	3
L	96	55	46	3
XL	100	57	47	3

（三）制图要点

（1）延长后肩线 3cm，延长前肩线 4.5cm，使前后肩线长度相等；

（2）基本纸样的胸围放松量减小 2cm，腋下点位置抬高 1cm；

（3）口袋宽度略宽于实际缱口袋位置的宽度，使其具有一定的立体效果；

（4）测量前后领口长，画出领子纸样。可根据面料情况，在后中线处设断缝。

（四）结构设计与纸样

（图 2-8、图 2-9）

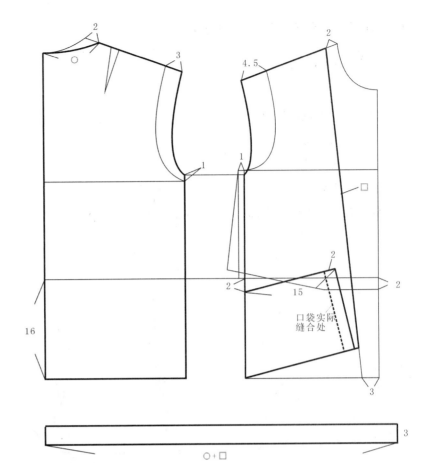

图 2-8 结构设计图

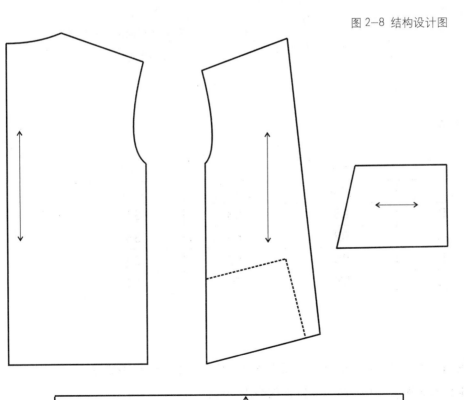

图 2-9 纸样完成图

四、款式4：简洁不对称系带背心

（一）款式描述（图2-10）

面料：棉、混纺；

弹性：无弹性或低弹；

厚薄：薄或常规厚度；

长度：常规款；

廓型：H型；

款式特征：无领，无袖，底摆系带。

图2-10 简洁不对称系
带背心款式图

（二）规格尺寸表（表2-4）

表2-4 规格尺寸表

单位：cm

尺码	胸围	后衣长	肩宽
S	88	53	37
M	92	55	38
L	96	57	39
XL	100	59	40

（三）制图要点

（1）侧颈点外移，使肩宽缩短为4cm，前颈点抬高1.5cm，使领口呈现船形领的效果；

（2）基本纸样的胸围放松量减小2cm，腋下点位置抬高1.5cm；

（3）打开侧缝底摆，提供底摆系带在横向上的松量。

（四）结构设计与纸样（图2-11、图2-12）

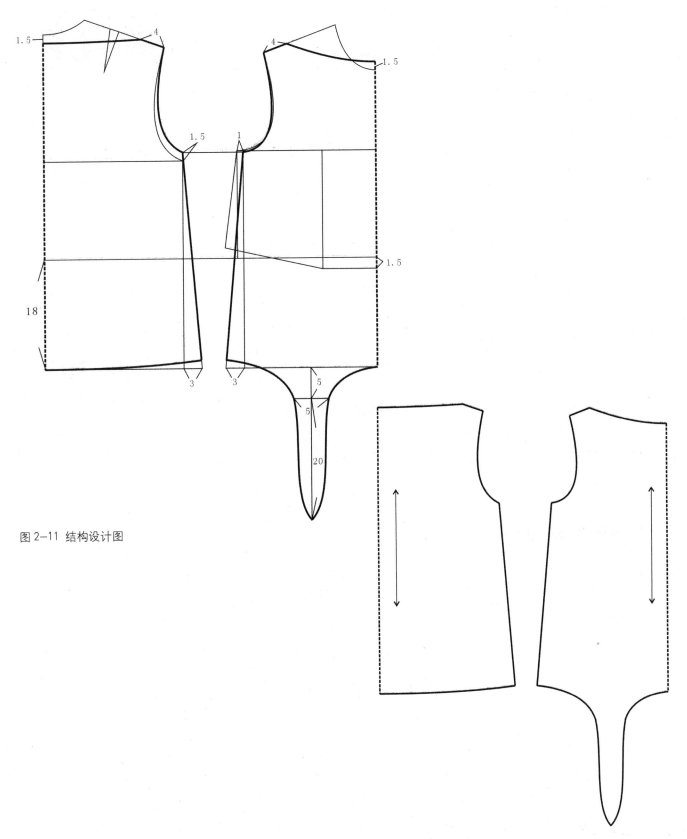

图2-11 结构设计图

图2-12 纸样完成图

五、款式5：前倾式灯笼袖无领衬衫

（一）款式描述（图2-13）

面料：棉、丝、混纺；

弹性：无弹性或低弹；

厚薄：薄或常规厚度；

长度：短款；

廓型：O型；

款式特征：无领，袖口朝前的灯笼袖。

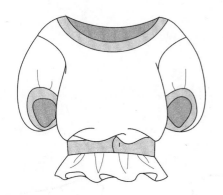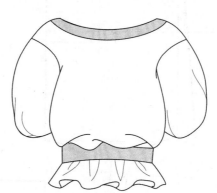

图2-13 前倾式灯笼袖
无领衬衫款式图

（二）规格尺寸表（表2-5）

表2-5 规格尺寸表   单位：cm

尺码	胸围	后衣长	肩宽
S	94	47	43
M	98	48	44
L	102	49	45
XL	104	50	46

（三）制图要点

（1）延长后肩线4cm，延长前肩线5.5cm，使前后肩线长度相等，并产生一定的落肩效果；

（2）基本纸样的前后片侧缝各加放1cm的胸围放松量，腋下点下落6cm，使肩膀处宽松、舒适；

（3）在前袖中线处挖出前短后长的袖摆形状，与长方形的袖口缝合后，可形成向前倾的袖型。

（四）结构设计与纸样（图2-14）

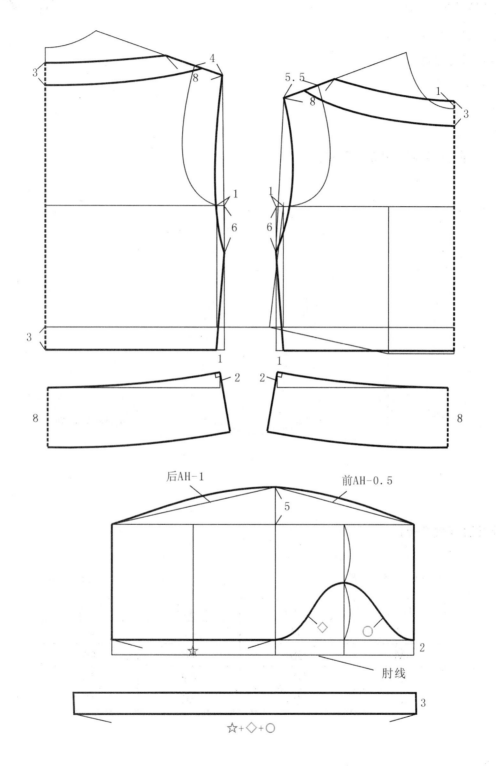

图 2-14 结构设计图

（纸样完成图略）

六、款式 6：小高领荷叶袖衬衫

（一）款式描述（图 2-15）

面料：棉、丝、混纺；

弹性：无弹性或低弹；

厚薄：薄或常规厚度；

长度：长款；

廓型：小 A 型；

款式特征：原身小高领，外加荷叶袖。

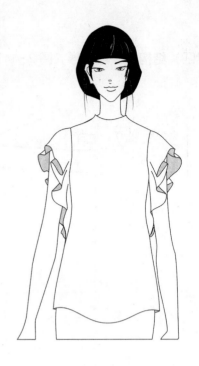

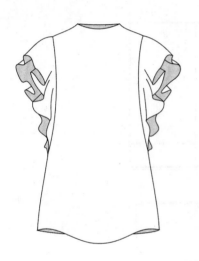 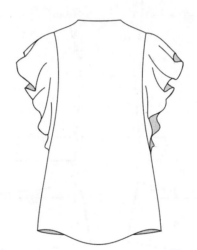

图 2-15 小高领荷叶
袖衬衫款式图

（二）规格尺寸表（表 2-6）

表 2-6 规格尺寸表　　　　　　　　　　　　　　　　　　　　单位：cm

尺码	胸围	后衣长	肩宽
S	94	47	43
M	98	48	44
L	102	49	45
XL	104	50	46

（三）制图要点

（1）侧颈点沿肩线打开 3cm，前颈点、后颈点抬高，画出原身出领；

（2）肩线在肩点处缩短，使肩部显瘦；

（3）肩线外接 10cm 长的袖子，袖子底点下落至腰线，袖摆剪开，加出荷叶边摆量，荷叶袖缝合在衣身外。

（四）结构设计与纸样（图2-16、图2-17）

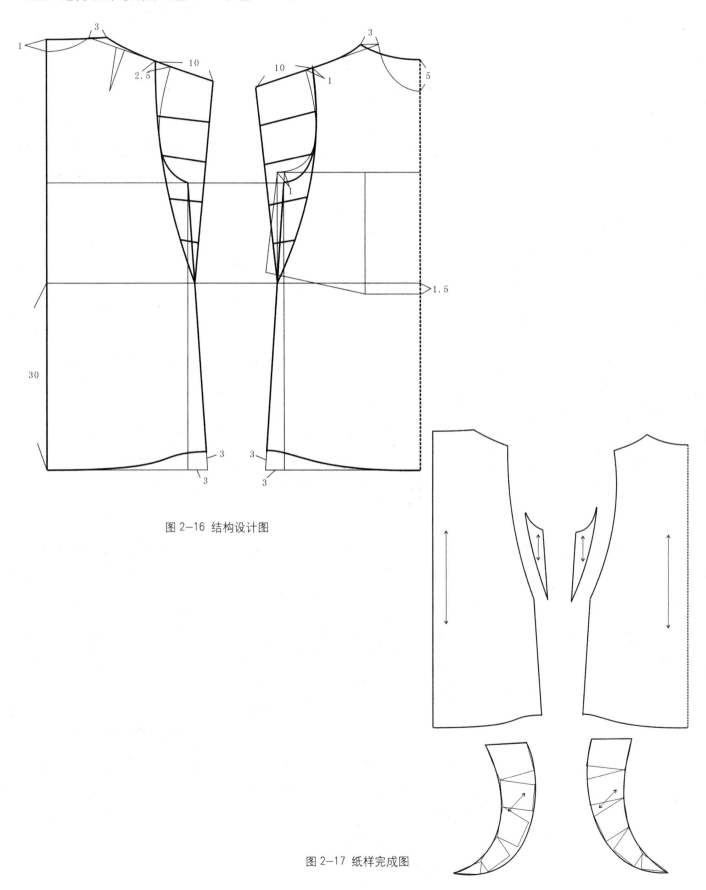

图2-16 结构设计图

图2-17 纸样完成图

七、款式 7：扁领原身泡泡袖衬衫

（一）款式描述（图 2-18）

面料：棉、丝、混纺；

弹性：无弹性或低弹；

厚薄：薄或常规厚度；

长度：短款；

廓型：O 型；

款式特征：扁领，原身袖。

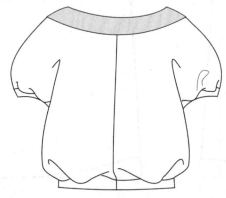

图 2-18 扁领原身泡泡
袖衬衫款式图

（二）规格尺寸表（表 2-7）

表 2-7 规格尺寸表　　　　　　　　　　　　　　　　　　　　　　单位：cm

尺码	胸围	后衣长	肩宽	领高
S	100	41	37	4
M	104	42	38	4
L	108	43	39	4
XL	112	44	40	4

（三）制图要点

（1）自肩点沿肩线向上量取 3cm，作为侧颈点，画出一字领的领口曲线；

（2）肩线延长 15cm，为原身出袖的袖长；

（3）衣片后侧缝加放 3cm 松量，前侧缝加放 2cm，腋下点下落 5cm，与肩线连接。这样处理是为了增加肩臂处的松量和活动量，弥补原身袖的结构缺点。

（四）结构设计与纸样（图2-19、图2-20）

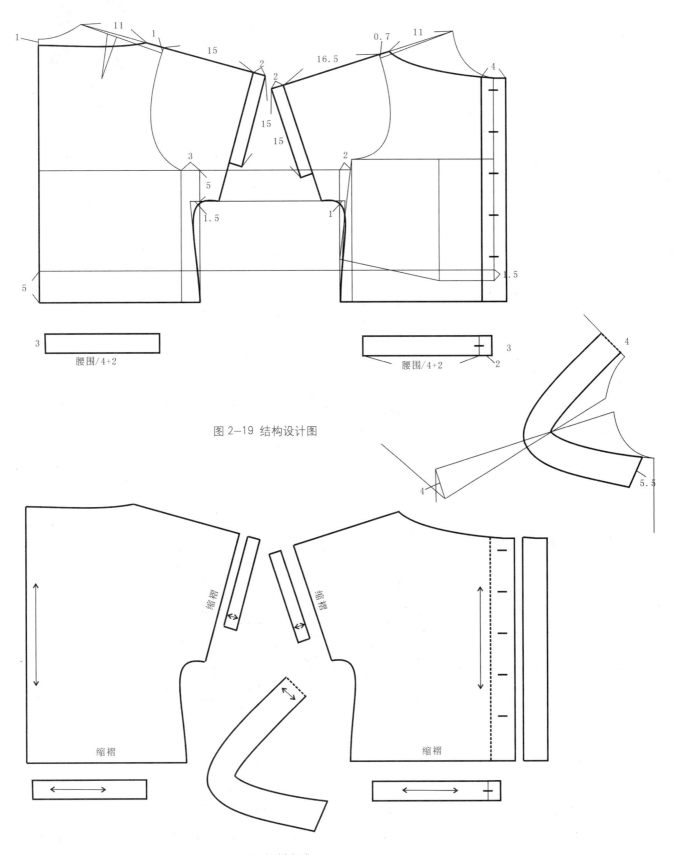

图2-19　结构设计图

图2-20　纸样完成图

八、款式8：褶领连身袖宽松衬衫

（一）款式描述（图2-21）

面料：棉、丝、混纺；

弹性：无弹性或低弹；

厚薄：薄或常规厚度；

长度：短款；

廓型：O型；

款式特征：褶领，连身袖。

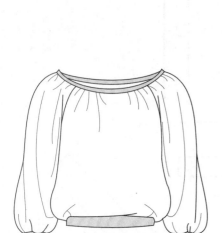

图2-21　褶领连身
袖宽松衬衫款式图

（二）规格尺寸表（表2-8）

表2-8 规格尺寸表　　　　　　　　　　　　　　　　单位：cm

尺码	胸围	后衣长	肩宽
S	102	42	37
M	106	43	38
L	110	44	39
XL	114	45	40

（三）制图要点

（1）侧颈点沿肩线打开，使肩线长3cm，画出一字领的领口曲线；

（2）肩线延长出袖子的长度，袖口围度29cm（后袖口15cm，前袖口14cm）；

（3）衣片前、后侧缝各加放3cm松量，腋下点下落8cm，从侧缝开始画出袖子底缝，呈蝙蝠袖的外观效果；

（4）从领口剪开纸样，加出领口的缩褶量。

（四）结构设计与纸样

（图2-22、图2-23）

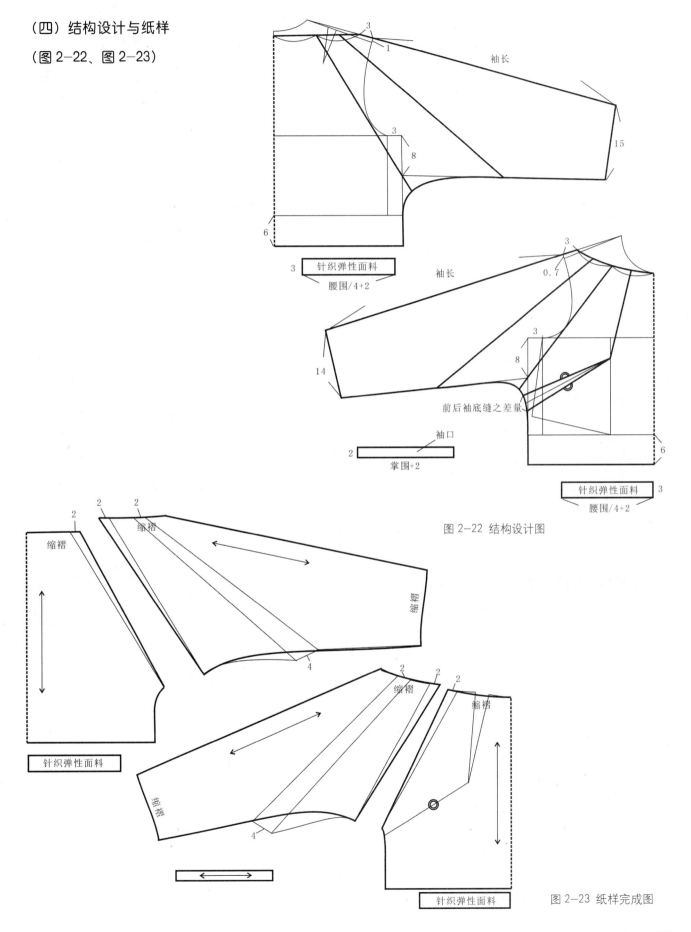

图 2-22 结构设计图

图 2-23 纸样完成图

九、款式 9：不对称打褶长款 T 恤

（一）款式描述（图 2-24）

面料：棉、混纺；

弹性：中等弹性；

厚薄：薄或常规厚度；

长度：中长款；

廓型：H 型；

款式特征：不对称褶。

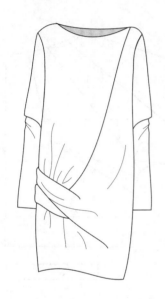
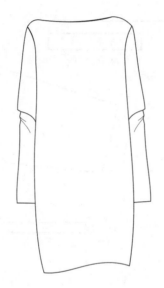

图 2-24 不对称打
褶长款 T 恤款式图

（二）规格尺寸表（表 2-9）

表 2-9 规格尺寸表   单位：cm

尺码	胸围	后衣长	肩宽
S	102	70	43
M	106	72	44
L	110	74	45
XL	114	76	46

（三）制图要点

（1）侧颈点沿肩线打开 8cm，抬高肩点，延长肩线，形成落肩效果；

（2）衣片前、后侧缝各加放 3cm 松量，腋下点下落 4cm；

（3）设置分割线和加褶位，将腋下省转移至打褶位；

（4）按上臂为宽松袖、下臂为合体袖的效果处理袖子纸样。

（四）结构设计与纸样（图2-25、图2-26）

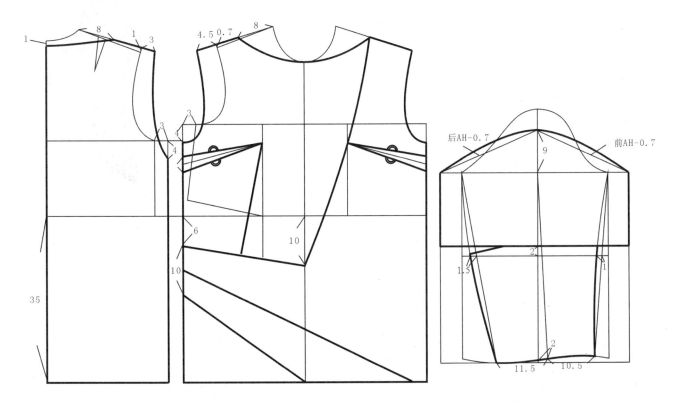

图 2-25 结构设计图

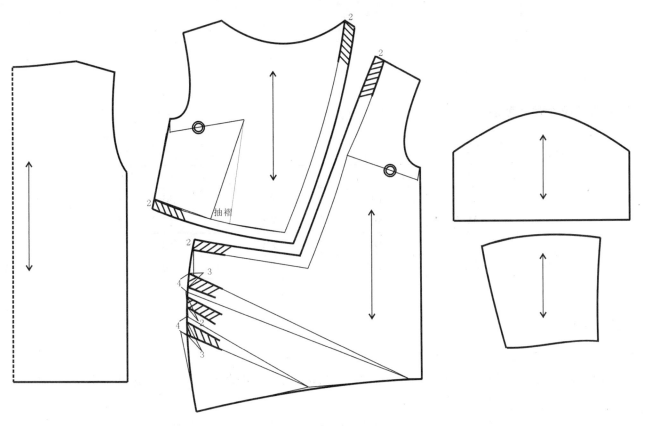

图 2-26 纸样完成图

十、款式 10：兜摆多褶长款 T 恤

（一）款式描述（图 2-27）

面料：棉、混纺；

弹性：中等弹性；

厚薄：薄或常规厚度；

长度：中长款；

廓型：O 型；

款式特征：双层，下摆呈兜起状。

图 2-27 兜摆多褶

长款 T 恤款式图

（二）规格尺寸表（表 2-10）

表 2-10 规格尺寸表　　　　　　　　　　　　　　单位：cm

尺码	胸围	后衣长	肩宽
S	86	71	36
M	90	73	37
L	94	75	38
XL	98	77	39

（三）制图要点

（1）将纸样设计成双层下摆的形式；

（2）将肩胛省、腋下省分别转移到外层纸样的下摆处，并将腰围多余的松量各收成两个褶；

（3）分割出肩部育克和袖口；

（4）缝制时，将外层面料下摆与内层衬裙下摆缝合，可以实现下摆兜起的效果。

（四）结构设计与纸样（图2-28、图2-29）

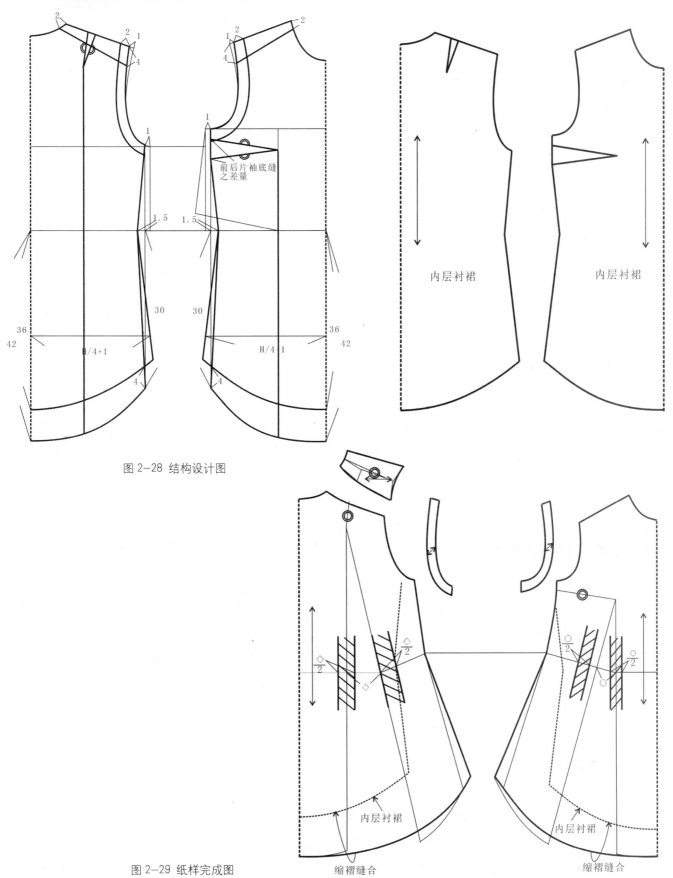

图 2-28 结构设计图

图 2-29 纸样完成图

十一、款式 11：不对称打褶高领衫

（一）款式描述（图 2-30）

面料：棉、混纺；

弹性：中等弹性；

厚薄：薄或常规厚度；

长度：常规款；

廓型：H 型；

款式特征：高翻领，肩部不对称打褶。

图 2-30 不对称打褶
高领衫款式图

（二）规格尺寸表（表 2-11）

表 2-11 规格尺寸表　　　　　　　　　　　　　　　　　　单位：cm

尺码	胸围	后衣长	肩宽	领高
S	88	55	36	10
M	92	57	37	10
L	96	59	38	10
XL	100	61	39	10

（三）制图要点

（1）前片侧缝收紧 1cm 胸围放松量，前后片侧缝各收腰 1.5cm；

（2）设置打褶位，腋下省转移至打褶位中部，其余褶位剪开，加出褶量；

（3）按照一片合体袖的纸样处理袖子，将袖肘省转移至袖口；

（4）领高 10cm，对折后高度为 5cm，在前领加一块独立布料，与领子相扣。

（四）结构设计与纸样（图2-31、图2-32）

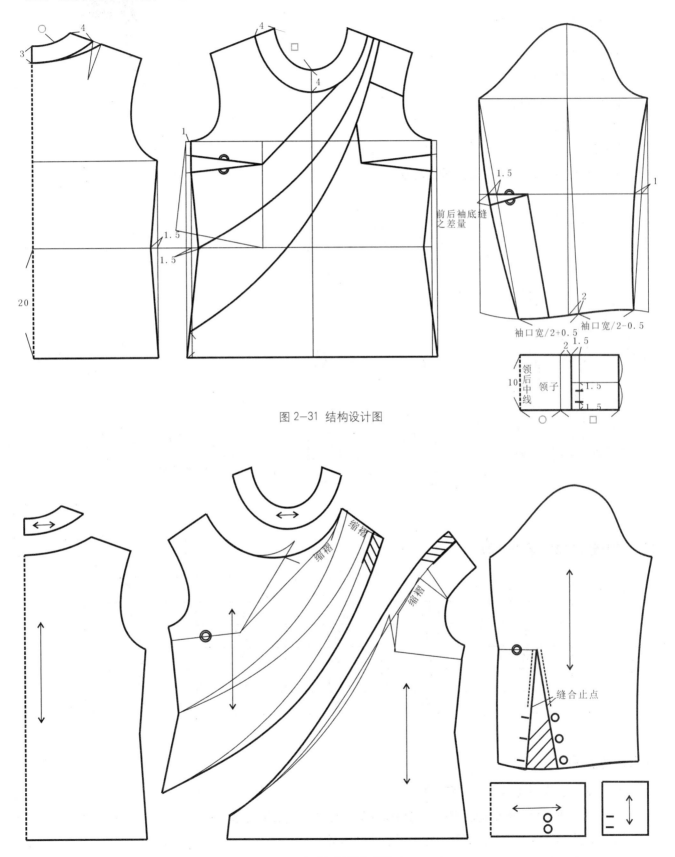

图 2-31 结构设计图

图 2-32 纸样完成图

十二、款式 12：不对称垂坠领开衫

（一）款式描述（图 2-33）

面料：棉、丝、混纺；

弹性：无弹性或低弹；

厚薄：薄或常规厚度；

长度：常规款；

廓型：H 型；

款式特征：不对称，垂坠领，两侧垂摆。

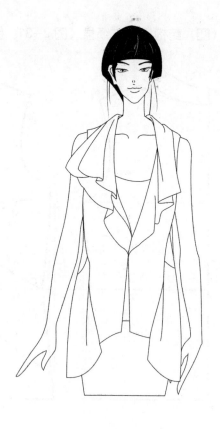

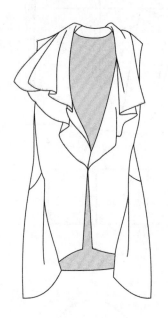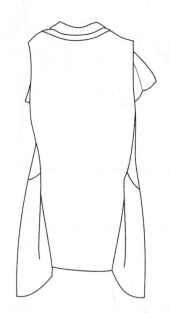

图 2-33 不对称垂坠
领开衫款式图

（二）规格尺寸表（表 2-12）

表 2-12 规格尺寸表   单位：cm

尺码	胸围	后衣长	肩宽	领高
S	94	60	36	5
M	98	62	37	5
L	102	64	38	5
XL	106	66	39	5

（三）制图要点

（1）前、后片侧缝加放 1cm 胸围放松量；

（2）设置两层领子各自的轮廓线，内层领为原身翻领，外层领为翻驳领；

（3）设置领子的加褶位，剪开，加出领子的垂褶量；

（4）加出衣片的两个侧片，面积大于内层衣片，缝合后形成悬垂效果。

（四）结构设计与纸样

（图 2—34、图 2—35）

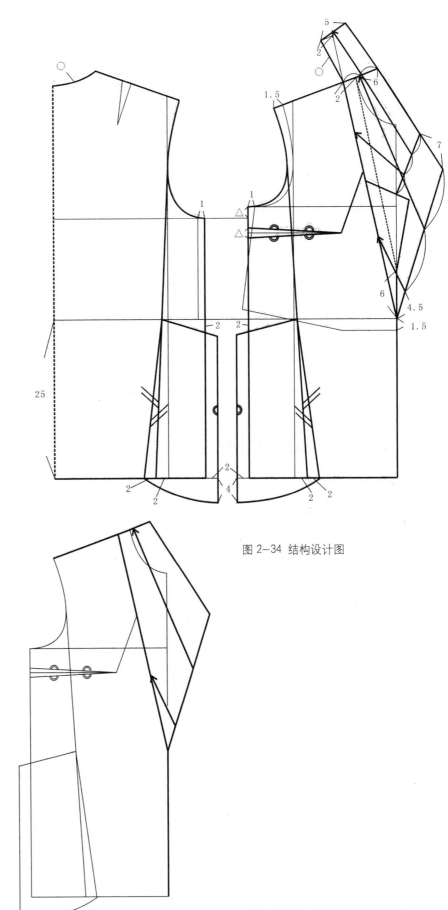

图 2—34 结构设计图

面层领

底层领

图 2—35（a） 纸样完成图（一）

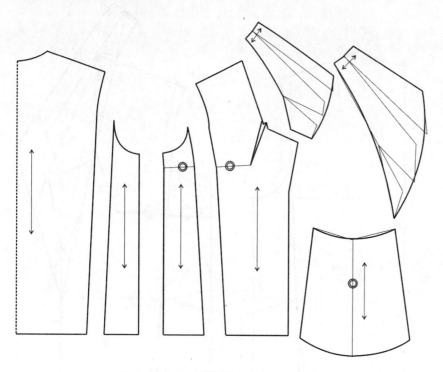

图 2-35（b）纸样完成图（二）

十三、款式 13：不对称底摆宽松衬衫

（一）款式描述（图 2-36）

面料：棉、混纺；

弹性：无弹性；

厚薄：薄或常规厚度；

长度：常规款；

廓型：H 型；

款式特征：不对称底摆，七分袖。

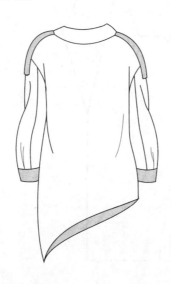

图 2-36 不对称底摆

宽松衬衫款式图

（二）规格尺寸表（表2-13）

表2-13 规格尺寸表   单位：cm

尺码	胸围	后衣长	肩宽	袖长
S	100	58	46	54.5
M	104	60	47	56
L	108	62	48	57.5
XL	112	64	49	59

（三）制图要点

（1）前片侧缝加放2cm胸围放松量，后片侧缝加放3cm胸围放松量，肩线延长5cm，腋下点下落6cm；

（2）设置出不对称底摆；

（3）袖山高5cm，在后袖中线处设一条分割线，收紧袖口。

（四）结构设计与纸样（图2-37、图2-38）

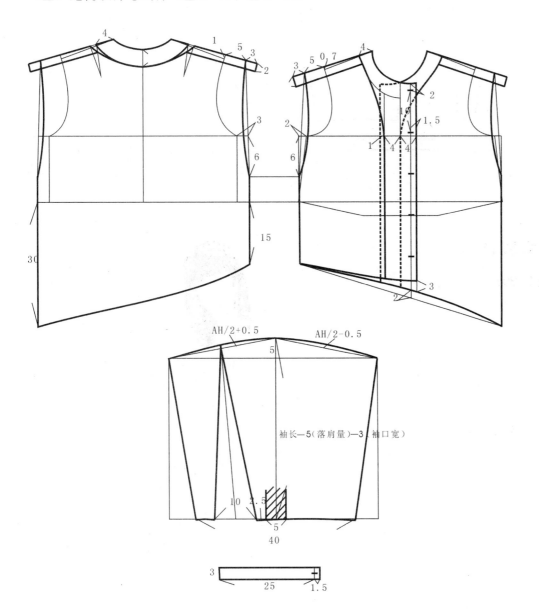

图2-37 结构设计图

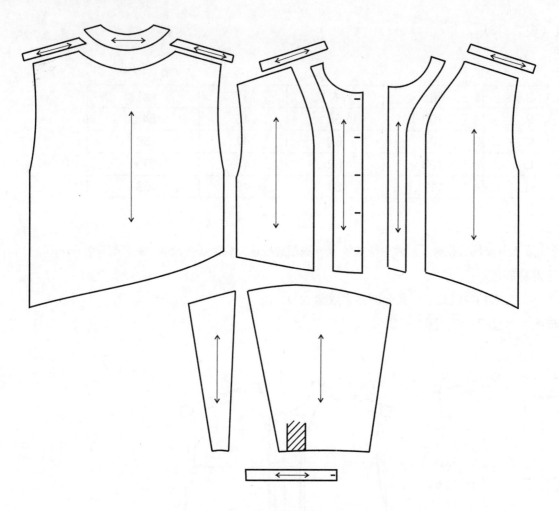

图 2-38 纸样完成图

十四、款式 14：立领垂肩衬衫

（一）款式描述（图 2-39）

面料：棉；

弹性：无弹性；

厚薄：薄或常规厚度；

长度：常规款；

廓型：H 型；

款式特征：立领，垂肩效果。

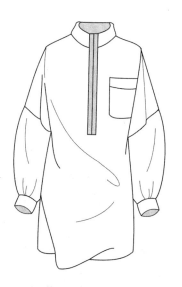 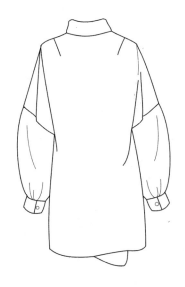

图 2-39 立领垂肩衬衫款式图

（二）规格尺寸表（表2-14）

表 2-14 规格尺寸表   单位：cm

尺码	胸围	后衣长	肩宽	袖长
S	94	65	36	54.5
M	98	67	37	56
L	102	69	38	57.5
XL	104	71	39	59

（三）制图要点

（1）前肩点抬高1.5cm，后肩点抬高2cm，按照宽松式插肩袖的纸样处理方式画出袖片；

（2）前、后片侧缝各加放2cm胸围放松量，前、后片侧缝各收腰1.5cm；

（3）左腋下省转移至右侧缝，右腋下省收褶，形成不对称的效果；

（4）在距袖底缝腋下点4cm处画出袖子分割线。

（四）结构设计与纸样（图2-40、图2-41）

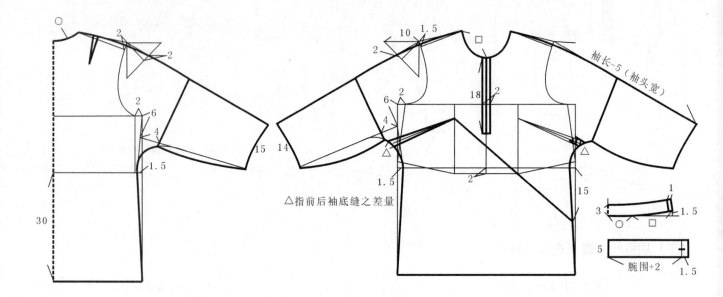

图 2-40 结构设计图

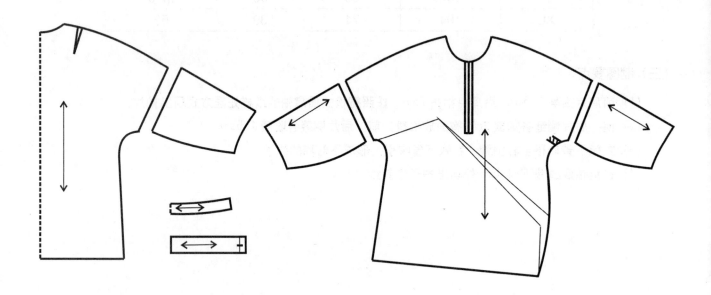

图 2-41 纸样完成图

十五、款式 15：不对称垂领 T 恤

（一）款式描述（图 2-42）

面料：棉、混纺；

弹性：低弹；

厚薄：薄或常规厚度；

长度：常规款；

廓型：H 型；

款式特征：前片不对称，领口有垂感，可拼布。

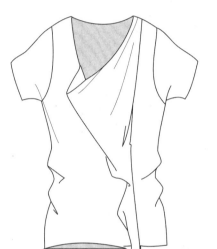 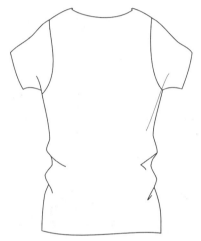

图 2-42 不对称

垂领 T 恤款式图

（二）规格尺寸表（表 2-15）

表 2-15 规格尺寸表
单位：cm

尺码	胸围	后衣长	肩宽	袖长
S	90	55	36	15
M	94	57	37	16
L	98	59	38	17
XL	102	61	39	18

（三）制图要点

（1）前后片侧缝各收腰 1.5cm，底摆各收紧 1cm；

（2）设置前片分割线和加褶位，剪开后加出褶量；

（3）袖山高 12cm，袖长 16cm，收紧袖口。

（四）结构设计与纸样（图2-43、图2-44）

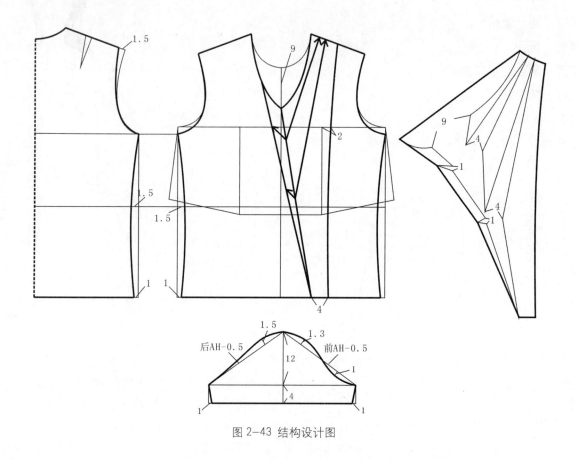

图 2-43 结构设计图

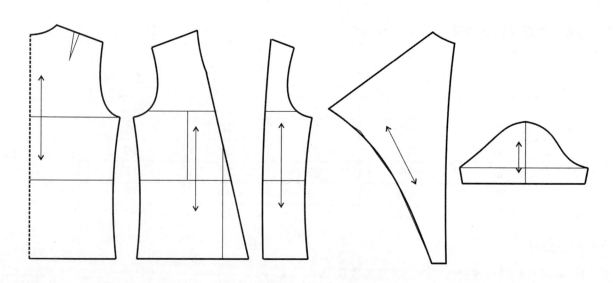

图 2-44 纸样完成图

十六、款式16：兜摆多褶长款T恤

（一）款式描述（图2-45）

面料：棉、混纺；

弹性：低弹；

厚薄：薄或常规厚度；

长度：常规款；

廓型：H型；

款式特征：前片不对称，右衣身有垂坠褶，原身袖。

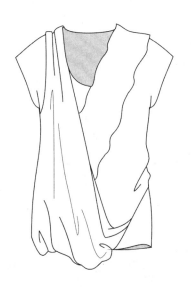
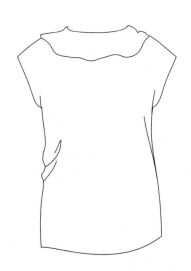

图2-45 兜摆多褶
长款T恤款式图

（二）规格尺寸表（表2-16）

表2-16 规格尺寸表　　　　　　　　　　　　　　　　　　　单位：cm

尺码	胸围	后衣长	肩宽	袖长
S	90	55	36	9
M	94	57	37	10
L	98	59	38	11
XL	102	61	39	12

（三）制图要点

（1）前片肩点抬高1cm，后片肩点抬高1.5cm，肩线延长10cm，腋下点下落2cm，画出原身袖纸样；

（2）设置前片、后片分割线和加褶位，剪开后加出褶量。

51

（四）结构设计与纸样（图2-46、图2-47）

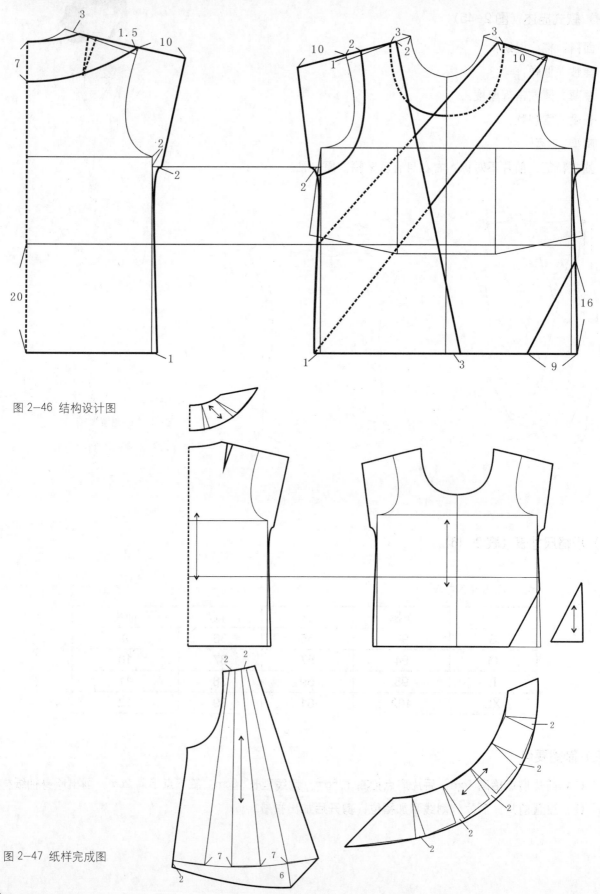

图2-46 结构设计图

图2-47 纸样完成图

十七、款式 17：X 型连身袖上衣

（一）款式描述（图 2-48）

面料：棉、丝、混纺；

弹性：无弹性；

厚薄：薄或常规厚度；

长度：常规款；

廓型：X 型；

款式特征：连身袖，底摆波形褶。

图 2-48 X 型连身

袖上衣款式图

（二）规格尺寸表（表 2-17）

表 2-17 规格尺寸表　　　　　　　　　　　　　　　　　　　　　　　　单位：cm

尺码	胸围	后衣长	肩宽	袖长
S	88	46	36	26
M	92	47	37	26
L	96	48	38	26
XL	100	49	39	26

（三）制图要点

（1）前后片侧缝胸围放松量收紧 1cm，前后片侧缝各收腰 1.5cm；

（2）前肩点抬高 0.7cm，后肩点抬高 1cm，后肩线延长 10.5cm，前肩线延长 12cm，与腋下点连接；

（3）画出前后片横向分割线，腰线下的小裙片剪开底摆，打开底摆波形褶量。

（四）结构设计与纸样（图2-49、图2-50）

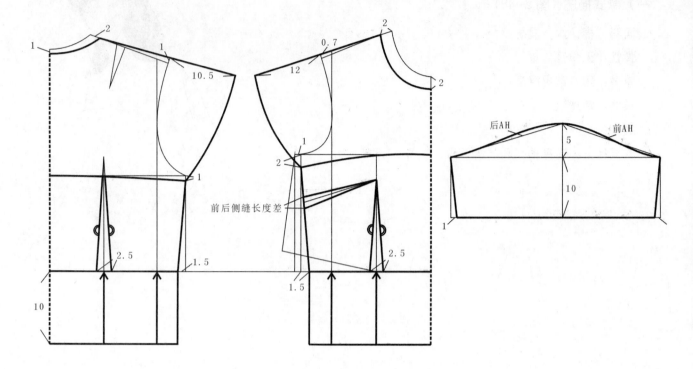

图 2-49 结构设计图

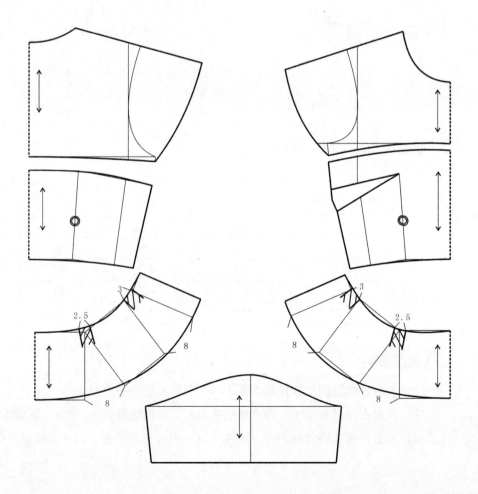

图 2-50 纸样完成图

十八、款式 18：打褶七分袖开衫

（一）款式描述（图 2-51）

面料：棉、丝、混纺；

弹性：无弹性或低弹；

厚薄：薄或常规厚度；

长度：常规款；

廓型：H 型；

款式特征：前后片打褶，后育克，七分袖。

图 2-51　打褶七分
袖开衫款式图

（二）规格尺寸表（表 2-18）

表 2-18　规格尺寸表　　　　　　　　　　　　　　　　　　　单位：cm

尺码	胸围	后衣长	肩宽	袖长
S	90	62	36	39
M	94	64	37	40
L	98	66	38	41
XL	102	68	39	42

（三）制图要点

（1）前后片领口打开，侧颈点打开 3cm，后颈点打开 2cm，前颈点打开 6cm；

（2）画出前片明门襟、前胸分割线、后片分割线，设置打褶位，剪开，加出褶量；

（3）按照一片合体袖处理袖片，画出七分袖的长度，加出袖口和袖开衩。

（四）结构设计与纸样（图2-52、图2-53）

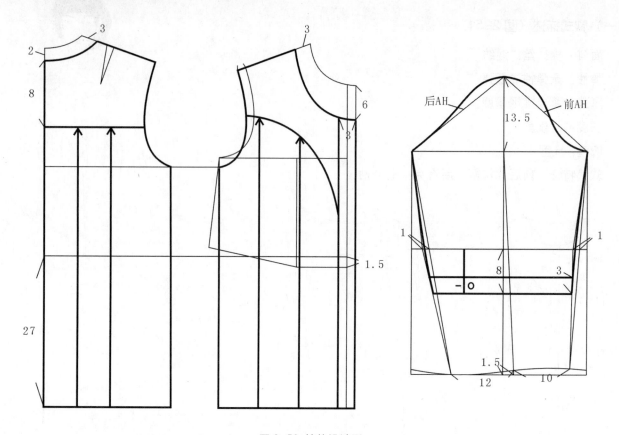

图2-52 结构设计图

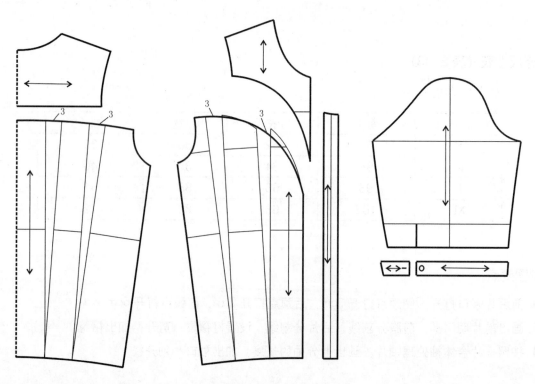

图2-53 纸样完成图

十九、款式19：侧领打褶插肩袖衬衫

（一）款式描述（图2-54）

面料：棉、麻、混纺；

弹性：无弹性；

厚薄：薄或常规厚度；

长度：常规款；

廓型：H型；

款式特征：插肩袖，前领、侧领、后领打褶。

图2-54 侧领打褶插

肩袖衬衫款式图

（二）规格尺寸表（表2-19）

表2-19 规格尺寸表 　　　　　　　　　　　　　　　　单位：cm

尺码	胸围	后衣长	肩宽	袖长
S	90	55	36	18.5
M	94	57	37	18.5
L	98	59	38	18.5
XL	102	61	39	18.5

（三）制图要点

（1）前肩点抬高0.7cm，延长肩线1.5cm，画出合体型插肩袖，袖山高13.5cm，袖长18.5cm；

（2）前后片中心线在领口处加出3cm褶量，腋下省转移至侧颈点处，成为侧颈打褶量；

（3）加出领口的镶边，以便盖住领口的打褶位置。

（四）结构设计与纸样（图2-55、图2-56）

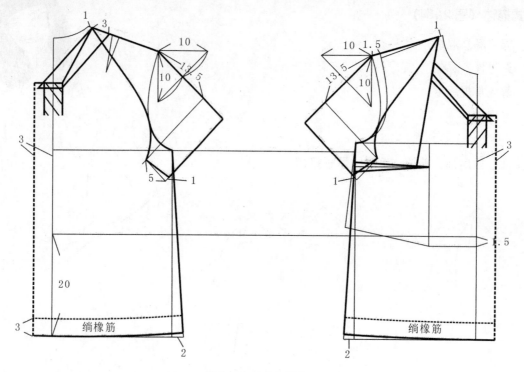

图 2-55 结构设计图

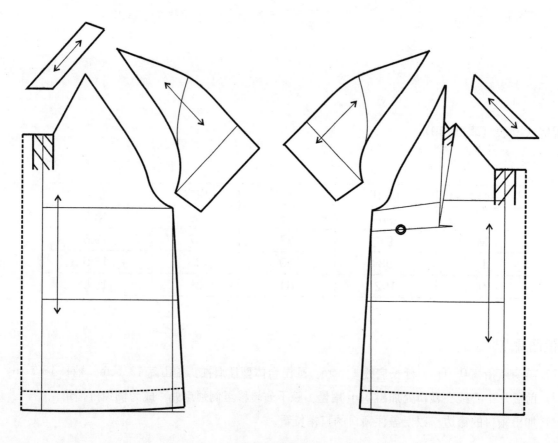

图 2-56 纸样完成图

二十、款式20：不对称打褶衬衫

（一）款式描述（图2-57）

面料：棉、麻、混纺；

弹性：无弹性；

厚薄：薄或常规厚度；

长度：常规款；

廓型：H型；

款式特征：无领，不对称，左衣身打褶。

图2-57 不对称打

褶衬衫款式图

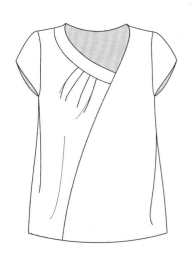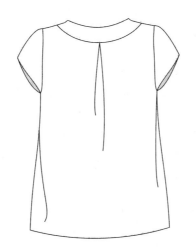

（二）规格尺寸表（表2-20）

表2-20 规格尺寸表   单位：cm

尺码	胸围	后衣长	肩宽	袖长
S	90	55	36	17.5
M	94	57	37	17.5
L	98	59	38	17.5
XL	102	61	39	17.5

（三）制图要点

（1）前肩线延长1.5cm，使前后肩线长度相等，画出前片中心自领口至底摆的不对称分割线；

（2）在领口处剪开，加出打褶量，在后中心线加出打褶量；

（3）画出合体短袖，袖山高13.5cm，袖长17.5cm。

（四）结构设计与纸样（图2-58、图2-59）

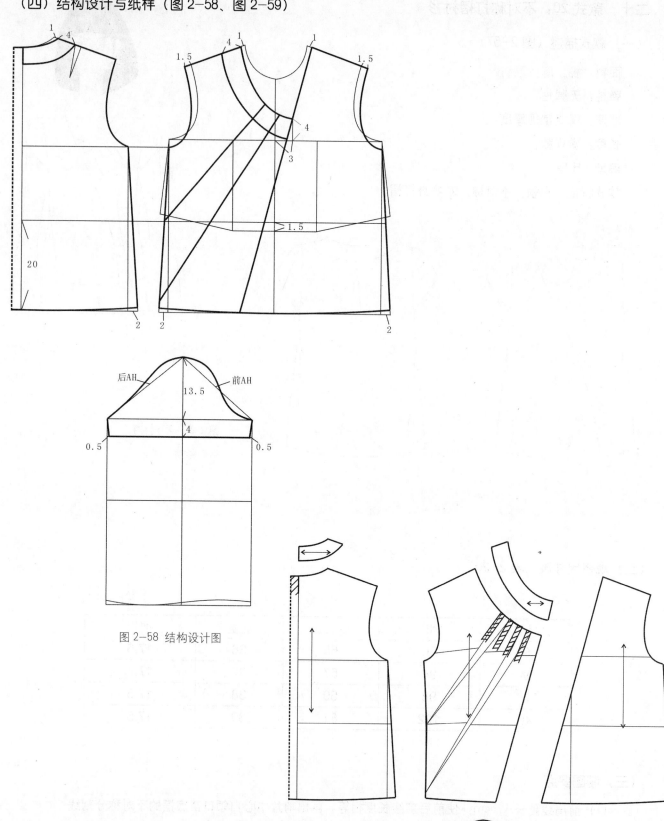

图2-58 结构设计图

图2-59 纸样完成图

二十一、款式21：小立领七分袖衬衫

（一）款式描述（图2-60）

面料：棉、混纺；

弹性：无弹性；

厚薄：薄或常规厚度；

长度：常规款；

廓型：H型；

款式特征：小立领，低腰，短裙摆。

图2-60 小立领七
分袖衬衫款式图

（二）规格尺寸表（表2-21）

表2-21 规格尺寸表 　　　　　　　　　　　　　　　　　　　　　单位：cm

尺码	胸围	后衣长	肩宽	领高	袖长
S	90	65	36	2	37
M	94	67	37	2	38
L	98	69	38	2	39
XL	102	71	39	2	40

（三）制图要点

（1）侧颈点打开3cm，画出V型领子，领高2cm，可直接在衣片领口画出；

（2）前后片侧缝各收腰1cm，在腰线下15cm处设分割线，分割出的小裙片剪开底摆，加出打褶量；

（3）在袖子基本纸样上收紧袖口，缩短袖长。

（四）结构设计与纸样（图2-61、图2-62）

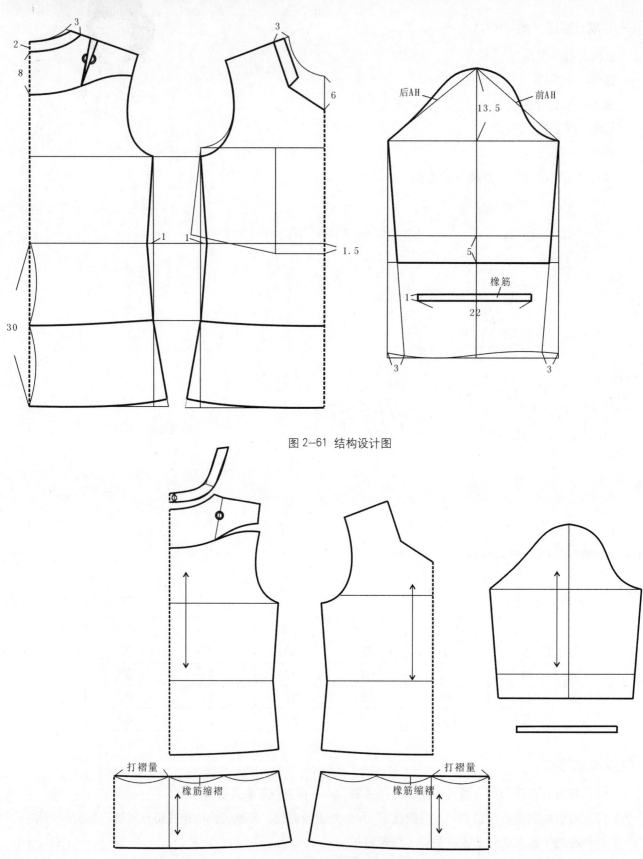

图 2-61 结构设计图

图 2-62 纸样完成图

二十二、款式22：小立领帽檐袖衬衫

（一）款式描述（图2-63）

面料：棉、混纺；

弹性：无弹性；

厚薄：薄或常规厚度；

长度：常规款；

廓型：H型；

款式特征：小立领，帽檐袖，不完全刀背缝。

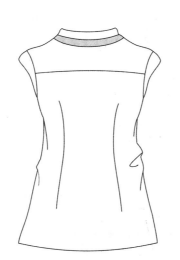

图2-63 小立领帽

檐袖衬衫款式图

（二）规格尺寸表（表2-22）

表2-22 规格尺寸表 单位：cm

尺码	胸围	后衣长	肩宽	领高	袖长
S	90	57	36	2.5	3
M	94	59	37	2.5	3
L	98	61	38	2.5	4
XL	102	63	39	2.5	4

（三）制图要点（图2-8）

（1）前后片侧缝收腰1cm；

（2）设置前后片腰省，前片画出刀背缝上端的分割线，将腋下省转移至此；

（3）画出小立领和衣片上的领子镶边；

（4）在袖子纸样的袖山部分上截取3cm的袖长，作为帽檐袖。

（四）结构设计与纸样

（图2-64、图2-65）

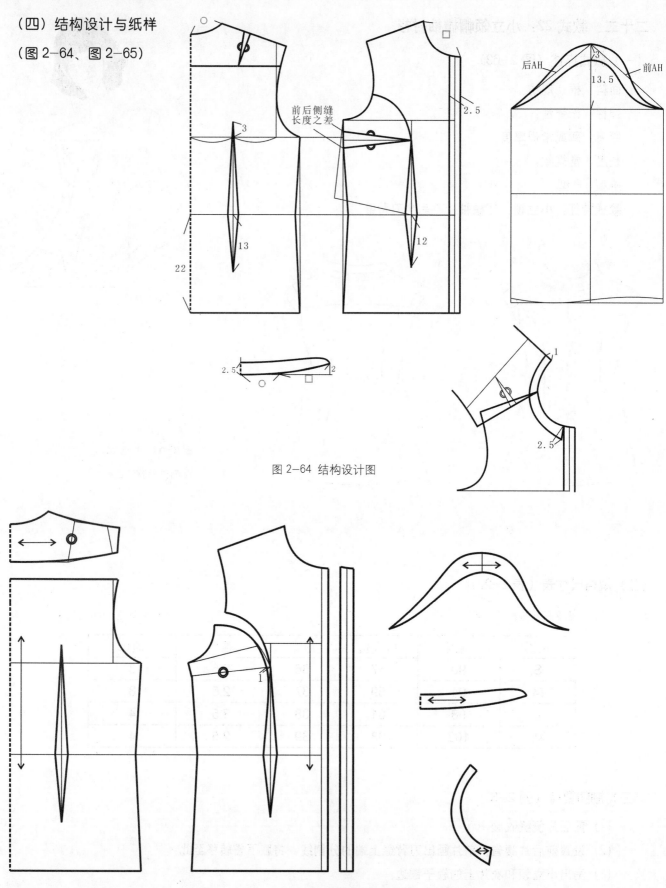

图 2-64 结构设计图

图 2-65 纸样完成图

二十三、款式 23：不对称侧缝打褶衬衫

（一）款式描述（图 2-66）

面料：棉、混纺；

弹性：无弹性；

厚薄：薄或常规厚度；

长度：常规款；

廓型：H 型；

款式特征：不对称门襟，侧缝打褶。

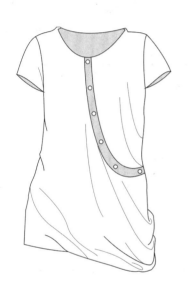 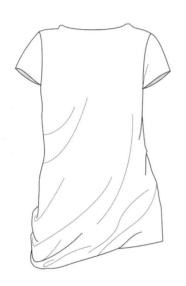

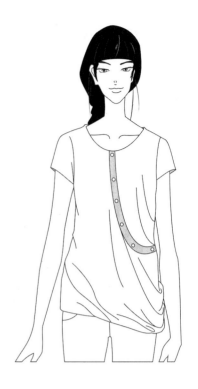

图 2-66 不对称侧缝
打褶衬衫款式图

（二）规格尺寸表（表 2-23）

表 2-23 规格尺寸表　　　　　　　　　　　　　　　　　　　　　单位：cm

尺码	胸围	后衣长	肩宽	袖长
S	90	61	36	17
M	94	63	37	17.5
L	98	65	38	18
XL	102	67	39	18.5

（三）制图要点

（1）侧颈点打开 2cm，前后颈点分别打开 4cm 和 1.5cm；

（2）设置前门襟的位置，搭门量 3cm；

（3）设置侧缝打褶位，剪开，加入打褶量；

（4）在袖子基本纸样上缩短袖长，袖长 17.5cm。

（四）结构设计与纸样

（图2-67、图2-68）

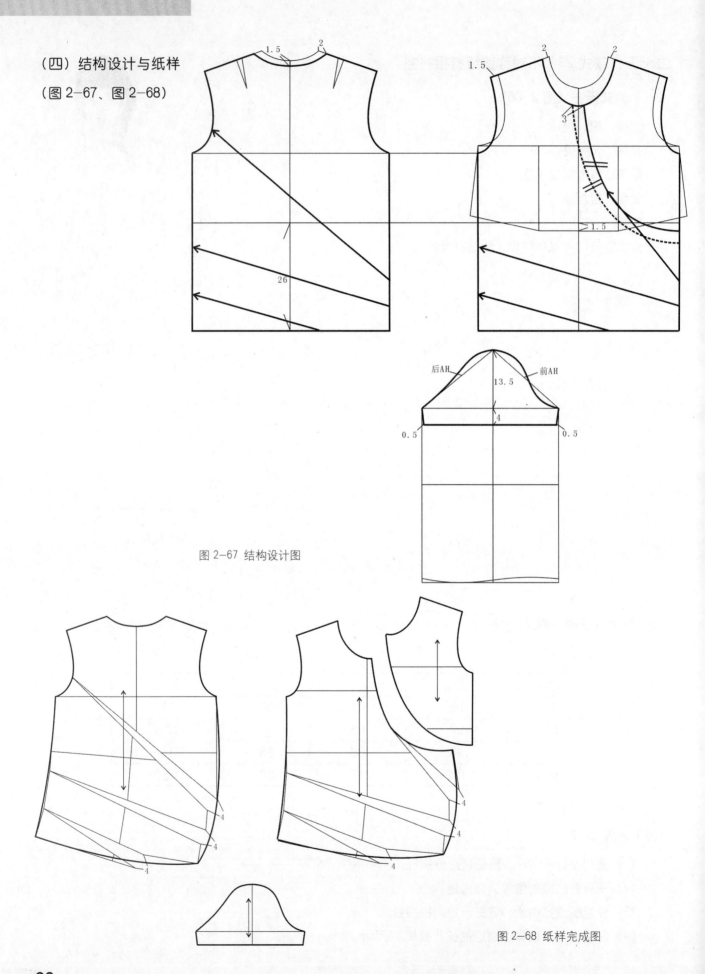

图 2-67 结构设计图

图 2-68 纸样完成图

二十四、款式24：经典款斜向腰省衬衫

（一）款式描述（图2-69）

面料：棉、混纺；

弹性：无弹性；

厚薄：薄或常规厚度；

长度：常规款；

廓型：H型；

款式特征：分割线衬衫领，斜向腰省。

图2-69 经典款斜
向腰省衬衫款式图

（二）规格尺寸表（表2-24）

表2-24 规格尺寸表   单位：cm

尺码	胸围	后衣长	肩宽	领高	袖长
S	88	55	36	6	11.5
M	92	57	37	6	11.5
L	96	59	38	6	11.5
XL	100	61	39	6	11.5

（三）制图要点

（1）前侧缝收紧，胸围放松量1cm；

（2）设置前后片腰省，画出前胸口袋；

（3）在袖子基本纸样的基础上，在袖山部分截取11.5cm的袖长；

（4）画出分体企领纸样，领座宽2.5cm，领面宽3.5cm，领面设分割线。

（四）结构设计与纸样（图2-70、图2-71）

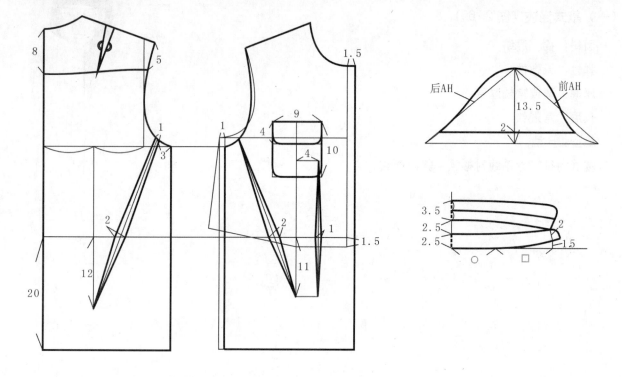

图2-70 结构设计图

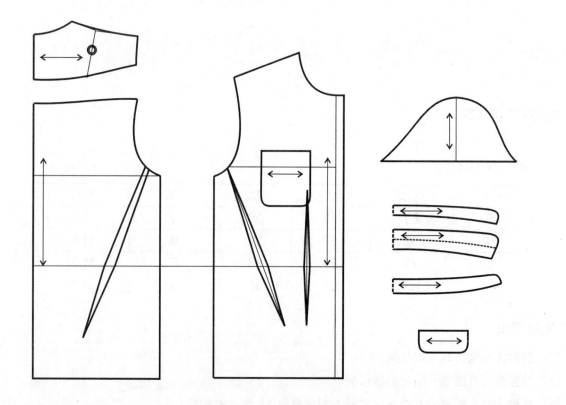

图2-71 纸样完成图

二十五、款式25：双侧分割打褶灯笼袖T恤

（一）款式描述（图2-72）

面料：棉、混纺；

弹性：中等弹性；

厚薄：薄或常规厚度；

长度：常规款；

廓型：O型；

款式特征：不对称门襟，双侧分割打褶，灯笼袖。

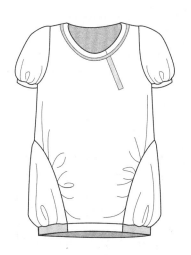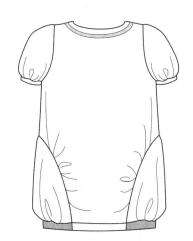

图2-72 双侧分割打
褶灯笼袖T恤款式图

（二）规格尺寸表（表2-25）

表2-25 规格尺寸表　　　　　　　　　　　　　　　　单位：cm

尺码	胸围	后衣长	肩宽	袖长
S	90	55	36	17
M	94	57	37	17.5
L	98	59	38	18
XL	102	61	39	18.5

（三）制图要点

（1）侧颈点打开1cm，前颈点打开3cm，画出领口镶边、剪口位；

（2）设置两侧分割片，剪开衣片和分割片的打褶位，加入打褶量；

（3）画出底摆束紧带，宽3cm；

（4）在袖子基本纸样上缩短袖长，袖长17.5cm。

（四）结构设计与纸样

（图2-73、图2-74）

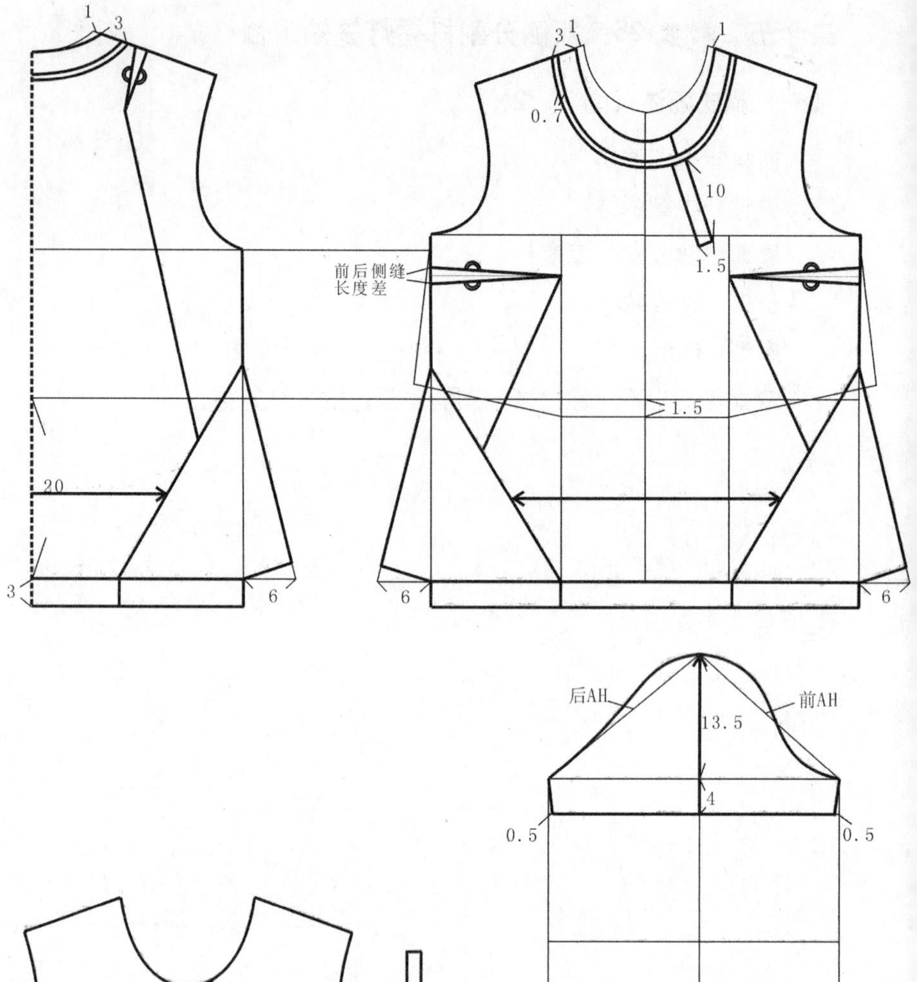

图2-73 结构设计图

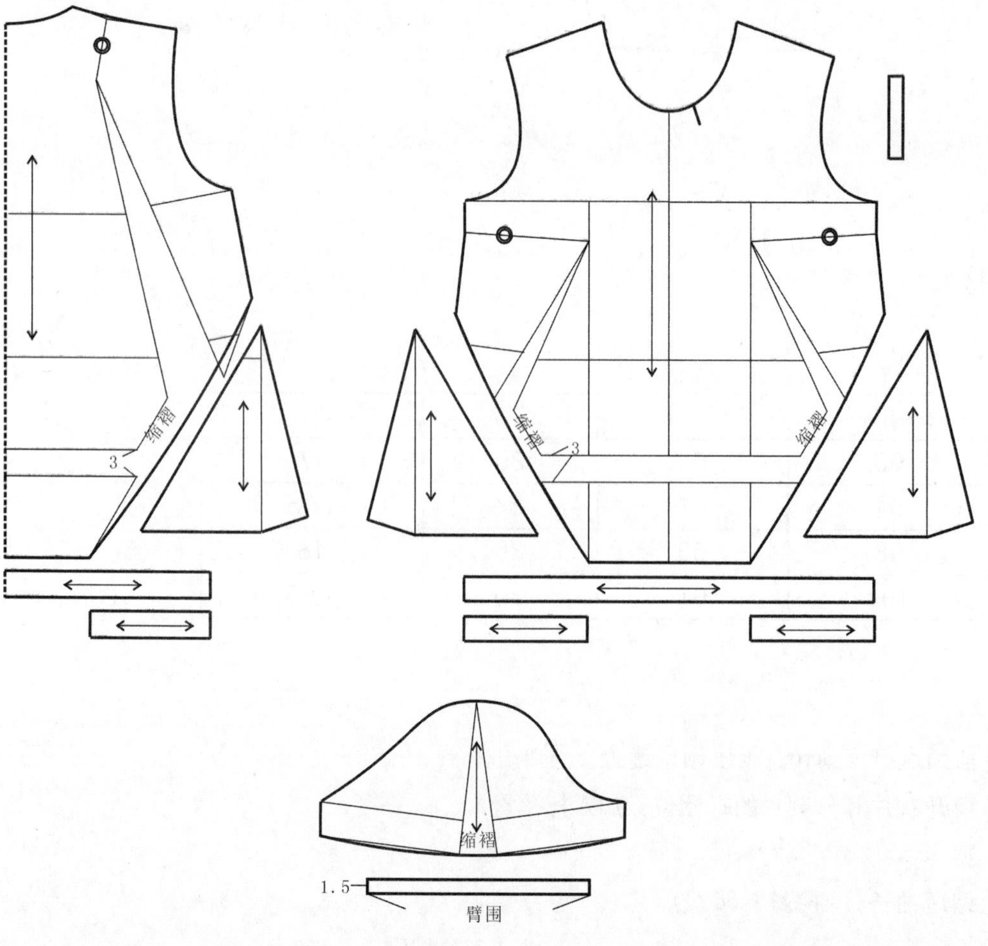

图2-74 纸样完成图

二十六、款式 26：插肩袖宽松运动型衬衫

（一）款式描述（图 2-75）

面料：棉、混纺；

弹性：低弹性；

厚薄：薄或常规厚度；

长度：常规款；

廓型：V 型；

款式特征：小翻领，插肩袖，袖底缝有分割片。

图 2-75 插肩袖宽松
运动型衬衫款式图

（二）规格尺寸表（表 2-26）

表 2-26 规格尺寸表　　　　　　　　　　　　　　　　　　单位：cm

尺码	胸围	后衣长	肩宽	袖长
S	106	55	36	54.5
M	110	57	37	56
L	114	59	38	57.5
XL	118	61	39	59

（三）制图要点

（1）前肩点抬高 1.5cm，后肩点抬高 2cm，延长袖长 56cm，前后袖口宽分别为 10cm 和 11cm；

（2）前后片侧缝各加放胸围放松量 4cm，腋下点下落 6cm，连接衣片侧缝至袖子的内侧缝；

（3）画衬衫领，领座高 2cm，领面宽 2cm。

（四）结构设计与纸样

（图 2-76、图 2-77）

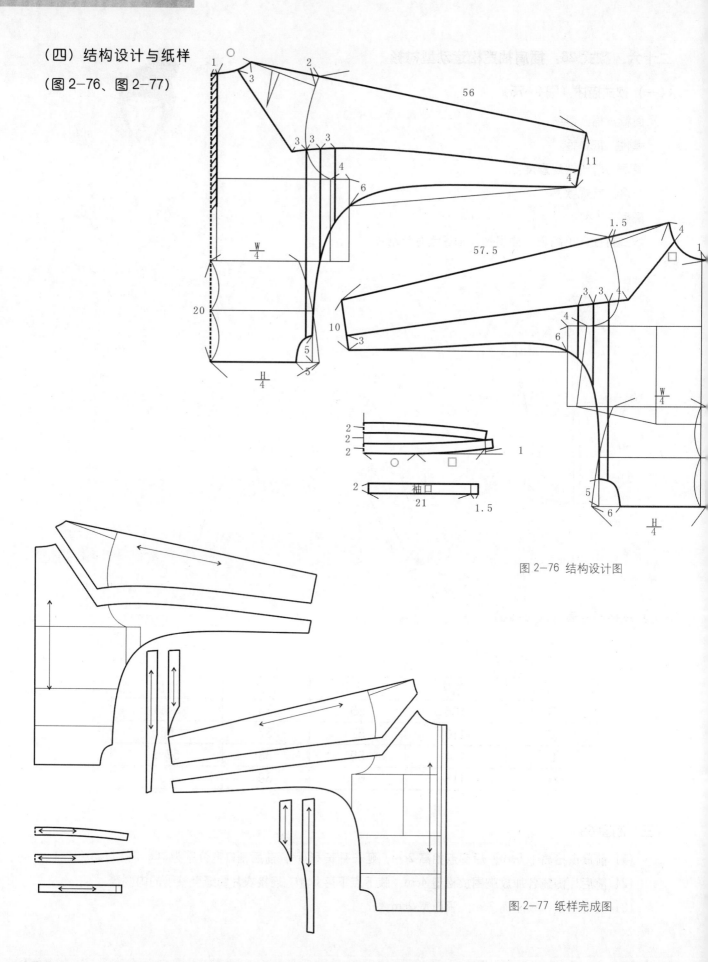

图 2-76 结构设计图

图 2-77 纸样完成图

二十七、款式27：不对称领口打褶T恤

（一）款式描述（图2-78）

面料：棉、混纺；

弹性：中等弹性；

厚薄：薄或常规厚度；

长度：常规款；

廓型：H型；

款式特征：不对称设计，领口打褶，原身袖。

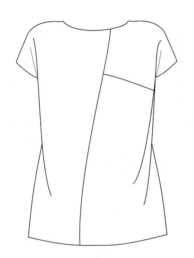

图2-78 不对称领口
打褶T恤款式图

（二）规格尺寸表（表2-27）

表2-27 规格尺寸表   单位：cm

尺码	胸围	后衣长	肩宽	袖长
S	90	55	36	7
M	94	57	37	7
L	98	59	38	8
XL	102	61	39	8

（三）制图要点

（1）侧颈点打开2cm，前后颈点分别打开1cm和3cm；

（2）设置前后片分割线，腋下省转入领口褶，其余褶位剪开，加入打褶量；

（3）前肩点抬高1cm，后肩点抬高1.5cm，分别延长后肩线6.5cm、前肩线8cm。

（四）结构设计与纸样（图2-79、图2-80）

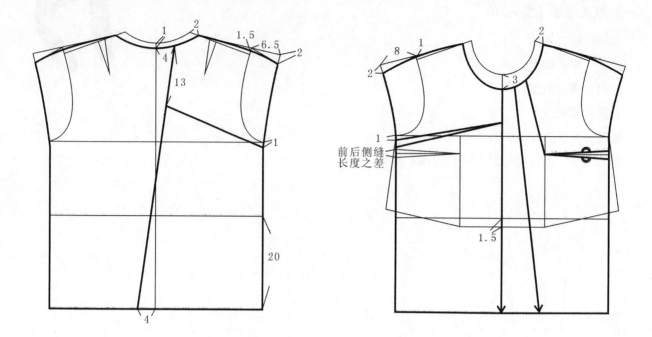

图2-79 结构设计图

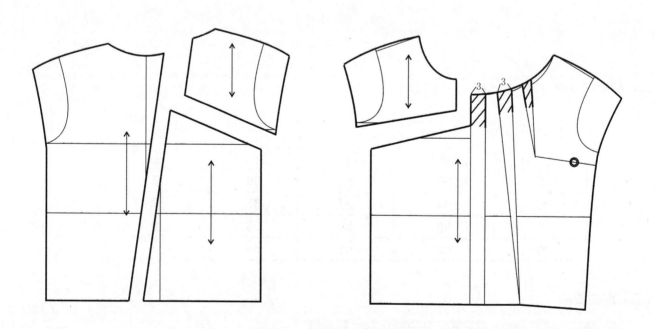

图2-80 纸样完成图

二十八、款式28：荷叶镶边原身袖T恤

（一）款式描述（图2-81）

面料：棉、混纺；

弹性：中等弹性；

厚薄：薄或常规厚度；

长度：常规款；

廓型：H型；

款式特征：前胸荷叶边装饰，紧身原身袖。

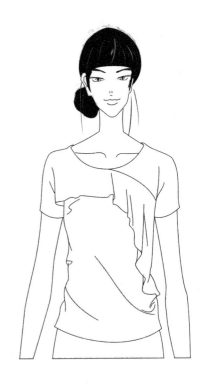

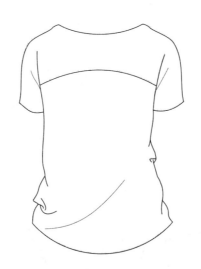

图2-81 荷叶镶边原
身袖T恤款式图

（二）规格尺寸表（表2-28）

表2-28 规格尺寸表   单位：cm

尺码	胸围	后衣长	肩宽	袖长
S	88	60	36	13.5
M	92	62	37	14.5
L	96	64	38	15.5
XL	100	66	39	16.5

（三）制图要点

（1）侧颈点打开3cm，前后颈点分别打开4cm和2cm；

（2）画出前片荷叶边的轮廓，剪开打褶位，加入打褶量；

（3）前肩点抬高1cm，后肩点抬高1.5cm，分别延长后肩线14.5、前肩线16cm，前袖口宽13cm，后袖口宽14cm，与衣片腋下点连接。

（四）结构设计与纸样（图2-82、图2-83）

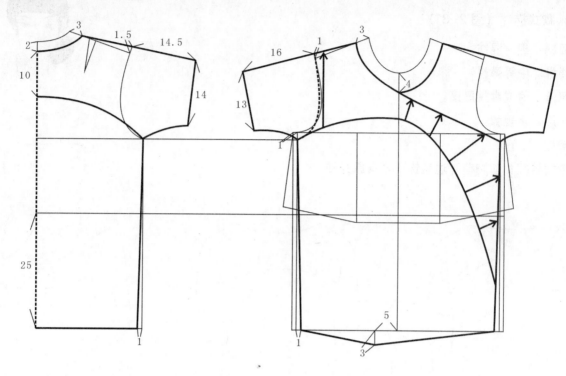

图 2-82 结构设计图

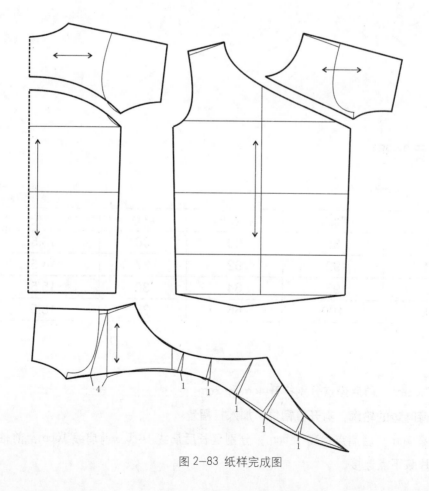

图 2-83 纸样完成图

二十九、款式 29：肩部排褶束摆 T 恤

（一）款式描述（图 2-84）

面料：棉、混纺；

弹性：中等弹性；

厚薄：薄或常规厚度；

长度：常规款；

廓型：H 型；

款式特征：肩线排褶，底摆束边。

 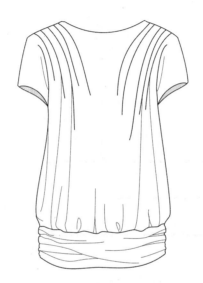

图 2-84 肩部排褶
束摆 T 恤款式图

（二）规格尺寸表（表 2-29）

表 2-29 规格尺寸表　　　　　　　　　　　　　　　　　　单位：cm

尺码	胸围	后衣长	肩宽	袖长
S	122	57	36	9
M	126	59	37	9
L	130	61	38	10
XL	134	63	39	10

（三）制图要点

（1）侧颈点打开 3cm，前后颈点分别打开 3cm 和 1.5cm；

（2）先将腋下省转移到肩线的打褶位，再纵向剪开前后片，根据款式加入打褶量；

（3）前肩点抬高 1cm，后肩点抬高 1cm，后肩线延长 8.5cm，前肩线延长 10cm，前袖口宽 13cm，后袖口宽 15cm；

（4）衣摆束边 10cm，横向剪开，加入打褶量。

（四）结构设计与纸样

（图 2-85、图 2-86）

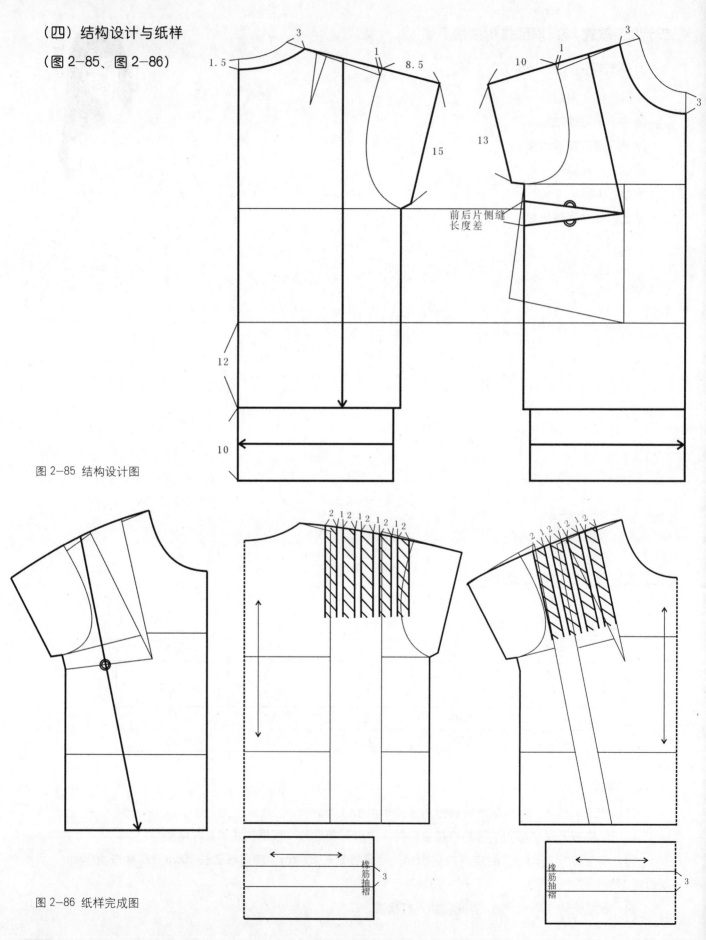

图 2-85 结构设计图

图 2-86 纸样完成图

三十、款式 30：大摆拼布衬衫

（一）款式描述（图 2-87）

面料：棉、混纺；

弹性：无弹性；

厚薄：薄或常规厚度；

长度：常规款；

廓型：A 型；

款式特征：前片斜向分割线，后片分割线下部打褶。

图 2-87 大摆拼布衬衫款式图

（二）规格尺寸表（表 2-30）

表 2-30 规格尺寸表　　　　　　　　　　　　　　　　　单位：cm

尺码	胸围	后衣长	肩宽	袖长
S	90	60	36	16
M	94	62	37	17.5
L	98	64	38	19
XL	102	66	39	20.5

（三）制图要点

（1）侧颈点打开 2.5cm，前后颈点分别打开 3cm 和 6cm；

（2）设计出底摆形状，画出前后片侧缝所在的位置、后片中心线打褶量和横向分割线；

（3）剪开后片裙摆，加入打褶量；

（4）画出前胸口袋和短袖。

（四）结构设计与纸样（图2-88、图2-89）

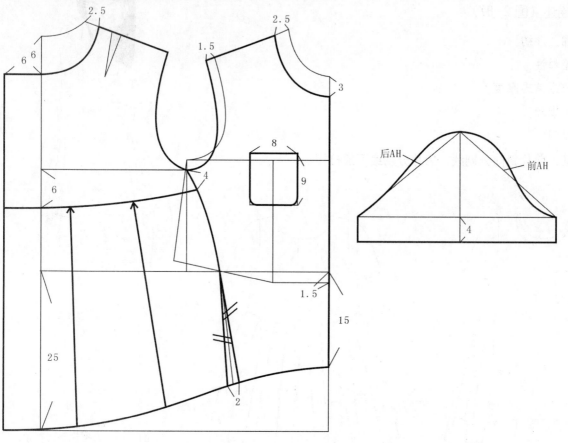

图 2-88 结构设计图

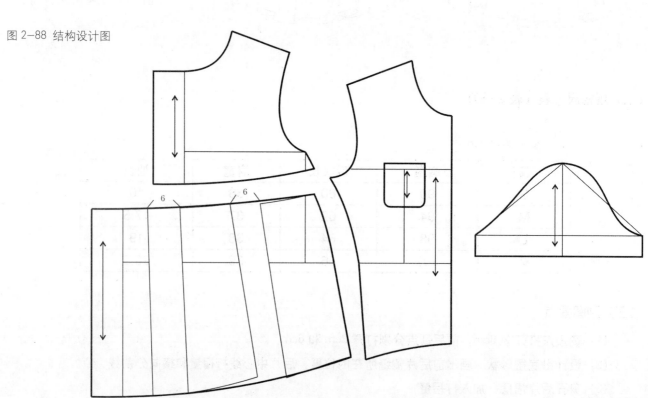

图 2-89 纸样完成图

第三章 半裙结构
设计与纸样

一、款式 1：短款八片裙

（一）款式描述（图 3-1）

面料：棉、麻、毛、混纺；

弹性：无弹性；

厚薄：常规厚度或厚；

长度：短款；

廓型：A 型；

款式特征：分割线，大裙摆，无省。

图 3-1 短款八片裙款式图

（二）规格尺寸表（表 3-1）

表 3-1 规格尺寸表 单位：cm

尺码	腰围	臀围	裙长
S	64	92	48
M	68	96	50
L	72	100	52
XL	76	104	54

（三）制图要点

（1）在裙子基本纸样的基础上，加出 3cm 宽的裙带，裙长定为 50cm；

（2）前裙片的两个省量，一个省量转移到裙摆，成为波形褶量；另一个省延长为分割线，用作图的方法加出裙摆量。后裙片同样处理。

（四）结构设计与纸样

（图 3-2、图 3-3）

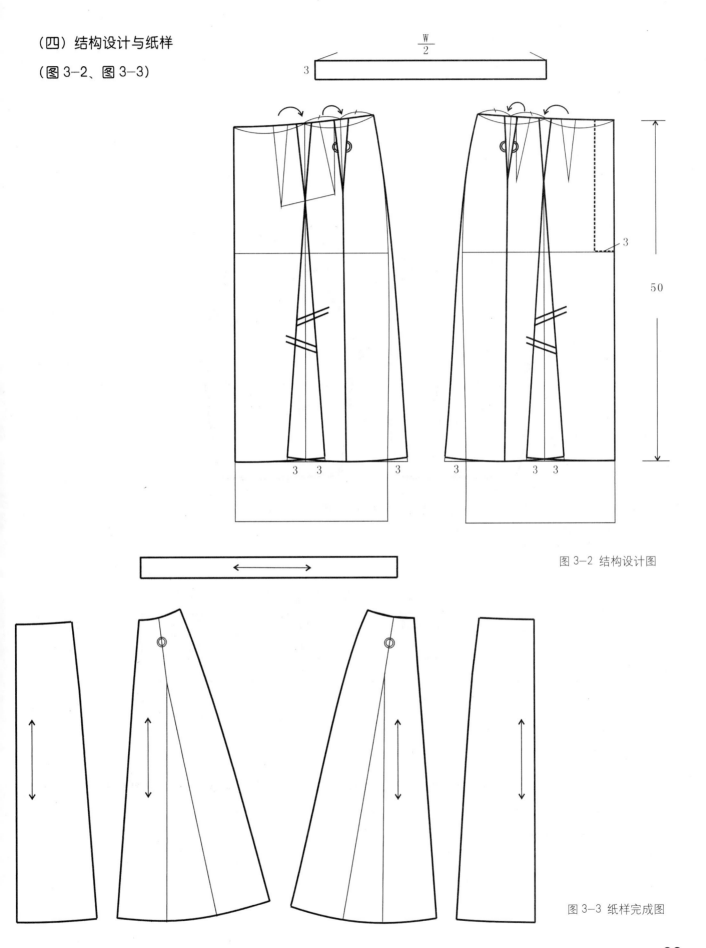

图 3-2 结构设计图

图 3-3 纸样完成图

二、款式 2：高腰鱼鳍片短裙

（一）款式描述（图 3-4）

面料：棉、毛、混纺；

弹性：无弹性；

厚薄：常规厚度；

长度：短款；

廓型：V 型；

款式特征：高腰，育克，鱼鳍片，筒裙。

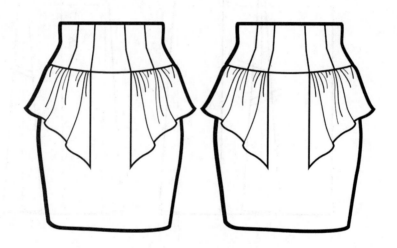

图 3-4 高腰鱼鳍片短裙款式图

（二）规格尺寸表（表 3-2）

表 3-2 规格尺寸表　　　　　　　　　　　　　　　　　　　单位：cm

尺码	腰围	臀围	裙长
S	64	90	52
M	68	94	54
L	72	98	56
XL	76	102	58

（三）制图要点

（1）在裙子基本纸样的基础上，腰线向上抬高 4cm，腰线距离胸围线约为 16cm，以胸围线为基准，确定高腰楔形省的省量，裙长定为 50cm；

（2）加出两个鱼鳍侧片，剪开加褶位，加入打褶量。

（四）结构设计与纸样

（图3-5、图3-6）

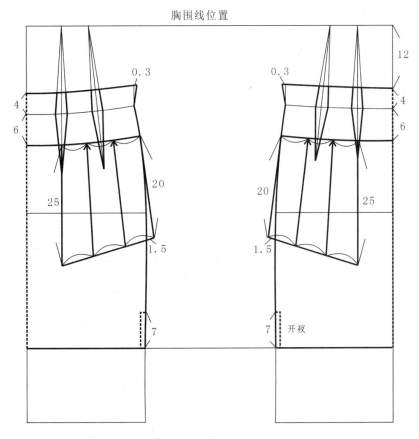

图 3-5 结构设计图

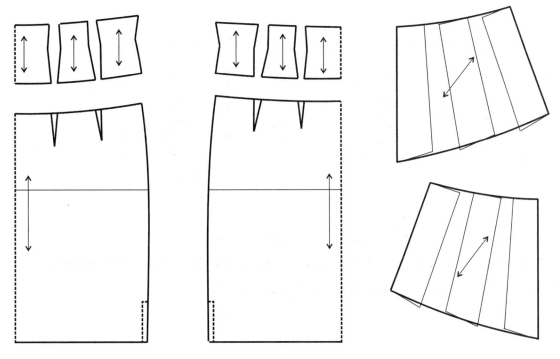

图 3-6 纸样完成图

三、款式3：前折叠短裙

（一）款式描述（图3-7）

面料：棉、毛、混纺；

弹性：无弹性；

厚薄：常规厚度；

长度：短款；

廓型：H型；

款式特征：前片有向内折叠的衣片。

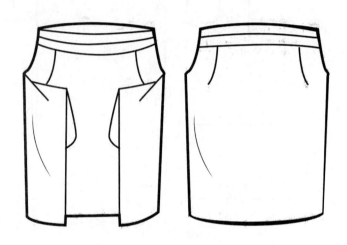

图3-7 前折叠短裙款式图

（二）规格尺寸表（表3-3）

表3-3 规格尺寸表   单位：cm

尺码	腰围	臀围	裙长
S	64	92	48
M	68	96	50
L	72	100	52
XL	76	104	54

（三）制图要点

（1）在裙子基本纸样的基础上，截取4cm宽的裙带，裙长定为50cm；

（2）前裙片的两个省量，一个省量的一半转移到侧缝，另外的省量收成一个省，后裙片同样处理；

（3）前片侧缝加出一个衣片，其宽度和形状按照折叠的设计效果确定。

（四）结构设计与纸样
（图 3-8、图 3-9）

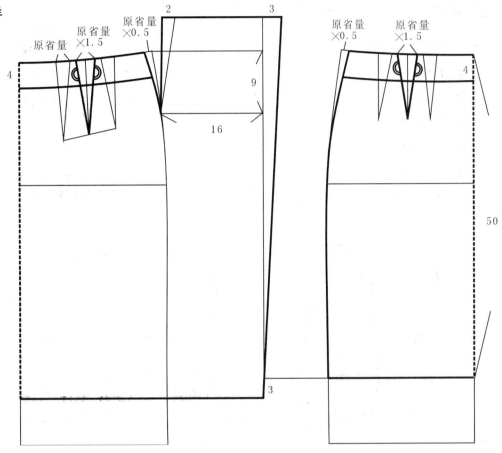

图 3-8 结构设计图

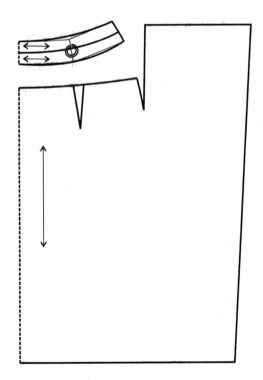
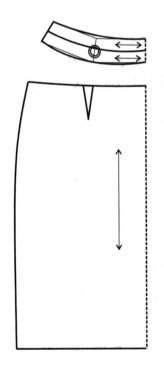

图 3-9 纸样完成图

四、款式 4：前片互搭迷你裙

（一）款式描述（图 3-10）

面料：棉、毛、混纺；

弹性：无弹性；

厚薄：常规厚度或厚；

长度：短款；

廓型：H 型；

款式特征：低腰，前门襟倾斜互搭。

图 3-10 前片互搭迷你裙款式图

（二）规格尺寸表（表 3-4）

表 3-4 规格尺寸表 单位：cm

尺码	腰围	臀围	裙长
S	64	92	38
M	68	96	39
L	72	100	40
XL	76	104	41

（三）制图要点

（1）在裙子基本纸样的基础上，腰围线降低 6cm，裙长向上缩短 15cm；

（2）前裙片的两个余省平移到口袋分割线和侧缝处，后裙片的两个余省，一个缝合，另一个平移到侧缝。

（四）结构设计与纸样（图 3-11、图 3-12）

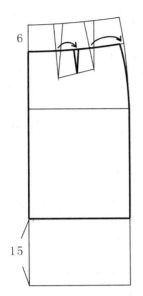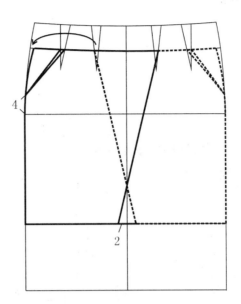

图 3-11　结构设计图

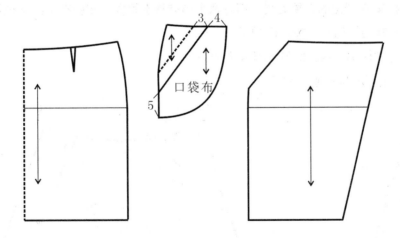

口袋布

图 3-12　纸样完成图

五、款式5：部分打褶搭片中长裙

（一）款式描述（图3-13）

面料：棉、麻、毛、混纺；

弹性：无弹性；

厚薄：常规厚度；

长度：常规款；

廓型：A型；

款式特征：前后中心部分打褶，右前片搭片。

（二）规格尺寸表（表3-5）

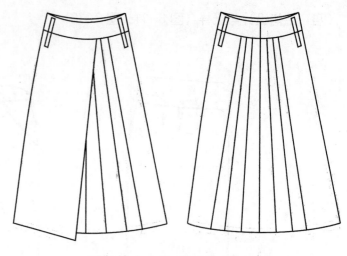

图3-13 部分打褶搭片中长裙款式图

表3-5 规格尺寸表

单位：cm

尺码	腰围	臀围	裙长
S	64	92	58
M	68	96	60
L	72	100	62
XL	76	104	64

（三）制图要点

（1）将裙子基本纸样按A型裙的效果处理，即将两个省转移至裙摆，裙腰在腰线下截取4cm；

（2）设置分割线和打褶位，剪开，加入打褶量；

（3）画出右前片搭片的轮廓，包含的省量可移至侧缝。

（四）结构设计与纸样（图3-14～图3-17）

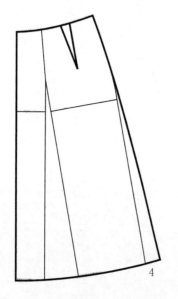

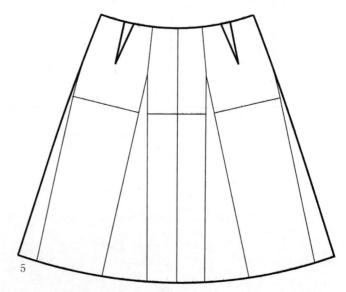

图3-14 结构设计图（一）

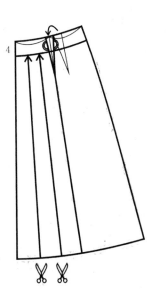
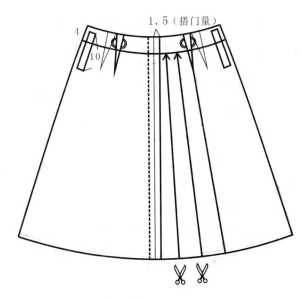

图 3-15 结构设计图 (二)

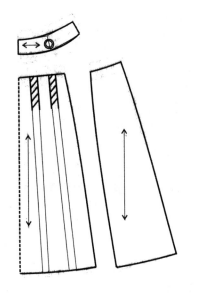
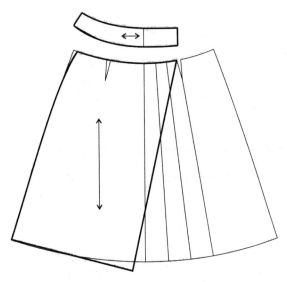

图 3-16 纸样完成图 (一)

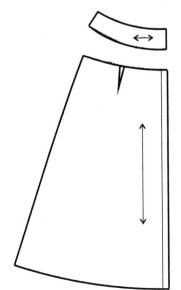
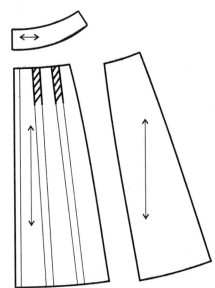

图 3-17 纸样完成图 (二)

六、款式6：不对称打褶鱼尾裙

（一）款式描述（图3-18）

面料：棉、毛、混纺；

弹性：无弹性；

厚薄：常规厚度；

长度：常规款；

廓型：X型；

款式特征：不对称鱼尾裙。

（二）规格尺寸表（表3-6）

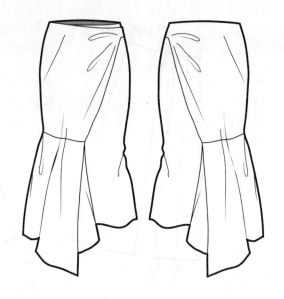

图3-18 不对称打褶鱼尾裙款式图

表3-6 规格尺寸表

单位：cm

尺码	腰围	臀围	裙长
S	64	90	58
M	68	94	60
L	72	98	62
XL	76	102	64

（三）制图要点

（1）在裙子基本纸样的基础上，加出3cm宽的裙带，裙长定为50cm；

（2）前裙片的两个省量，一个省量转移到裙摆，成为波形褶量，另一个省延长为分割线，用作图的方法加出裙摆量；后裙片同样处理。

（四）结构设计与纸样（图3-19～图3-23）

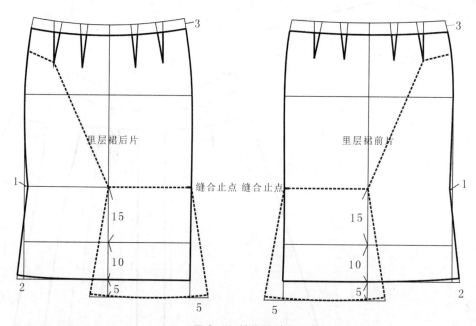

图3-19 结构设计图（一）

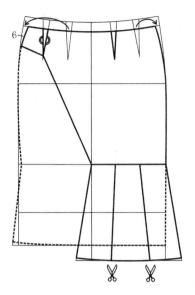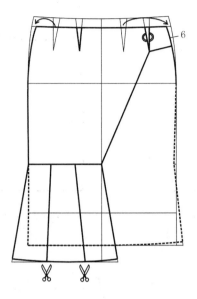

图 3-20 结构设计图（二）

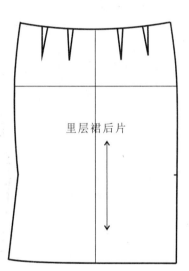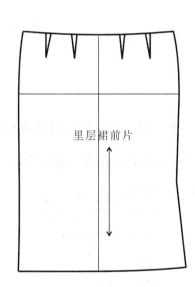

里层裙后片

里层裙前片

图 3-21 纸样完成图（一）

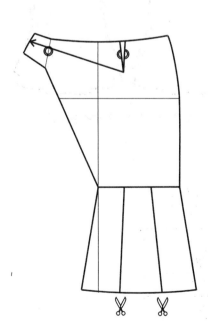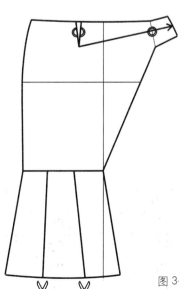

图 3-22 纸样完成图（二）

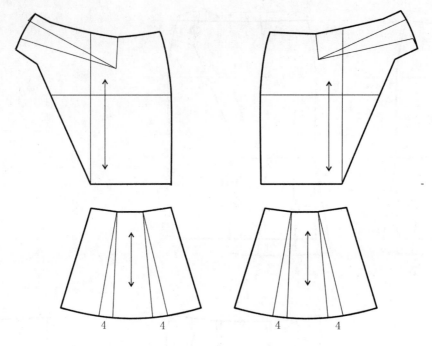

图 3-23 纸样完成图（三）

七、款式 7：分割片鱼尾裙

（一）款式描述（图 3-24）

面料：棉、混纺；

弹性：低弹或中弹；

厚薄：常规厚度；

长度：长款；

廓型：X 型；

款式特征：侧分割，鱼尾摆。

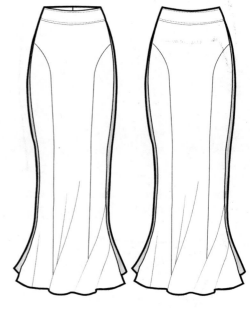

图 3-24 分割片鱼尾裙款式图

（二）规格尺寸表（表 3-7）

表 3-7 规格尺寸表   单位：cm

尺码	腰围	臀围	裙长
S	60	86	78
M	64	90	80
L	68	94	82
XL	72	98	84

（三）制图要点

（1）将裙子基本纸样前后片的侧缝各收紧 1cm，裙腰宽 5cm；

（2）裙片分出腰带后，剩下的两个余省，一个平移至侧缝，另一个在分割线上合并；

（3）画出分割线，在侧缝和分割线上加出鱼尾摆量。

（四）结构设计与纸样（图 3-25、图 3-26）

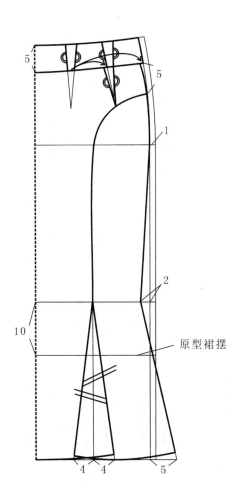
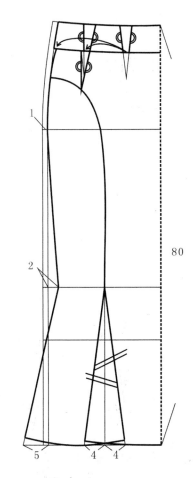

原型裙摆

图 3-25 结构设计图

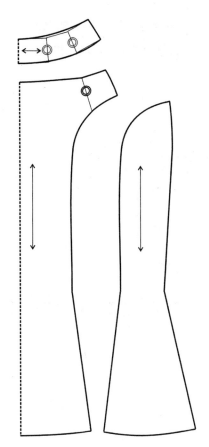
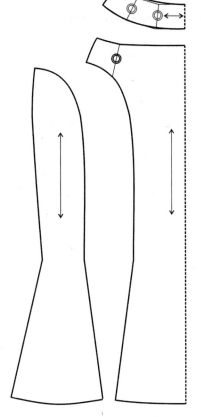

图 3-26 纸样完成图

95

八、款式8：不对称多层打褶裙

（一）款式描述（图3-27）

面料：棉、混纺；

弹性：低弹或中弹；

厚薄：常规厚度；

长度：常规款；

廓型：A型；

款式特征：不对称，多层，荷叶边。

（二）规格尺寸表（表3-8）

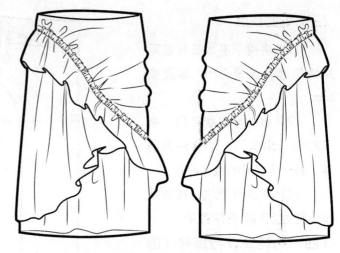

图3-27 不对称多层打褶裙款式图

表3-8 规格尺寸表   单位：cm

尺码	腰围	裙长
S	64	58
M	68	60
L	72	62
XL	76	64

（三）制图要点

（1）裙子分成里层和外层。在裙子基本纸样的基础上，将里层裙的腰省转移至裙摆，形成斜裙的效果；

（2）在裙子基本纸样的基础上，画出外层裙的分割线，将省转移或合并，剪开打褶位，加入打褶量。

（四）结构设计与纸样（图3-28～图3-30）

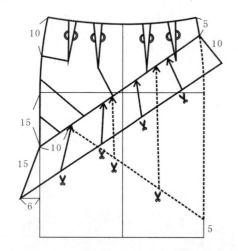
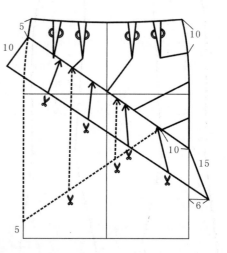

图3-28 结构设计图

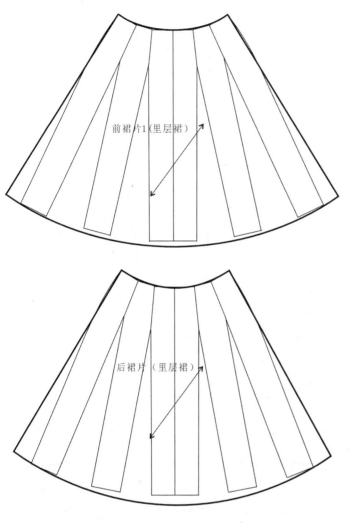

图 3-29 纸样完成图（一）（里层裙）

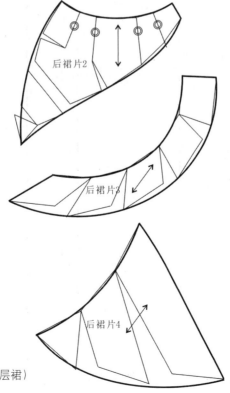

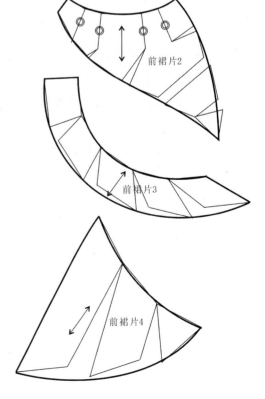

图 3-30 纸样完成图（二）（外层裙）

九、款式9：罗纹侧边长裙

（一）款式描述（图3-31）

面料：棉、混纺；

弹性：低弹或中弹；

厚薄：常规厚度；

长度：长款；

廓型：V型；

款式特征：育克，侧缝罗纹边。

（二）规格尺寸表（表3-9）

表3-9 规格尺寸表   单位：cm

尺码	腰围	臀围	裙长
S	64	90	78
M	68	94	80
L	72	98	82
XL	76	102	84

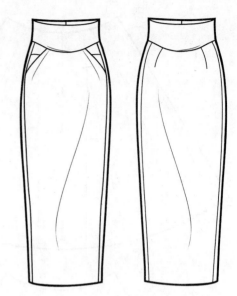

图3-31 罗纹侧边长裙款式图

（三）制图要点

（1）在裙子基本纸样的基础上，分割出育克，可直接用罗纹布裁剪，不需合并腰省；

（2）前片余省一部分平移至侧缝，另一部分在口袋分割线上合并，后片余省合并成一个省；

（3）前后片侧缝各分割出3cm的边，用罗纹布料裁剪。

（四）结构设计与纸样（图3-32、图3-33）

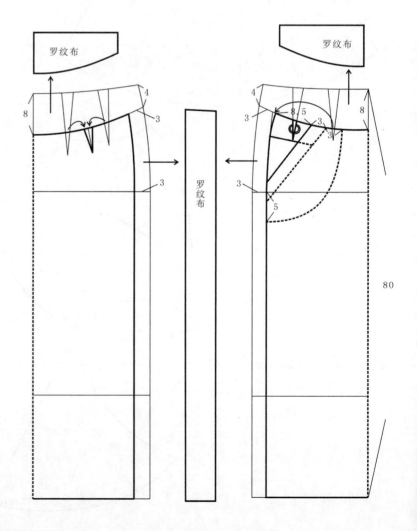

图3-32 结构设计图

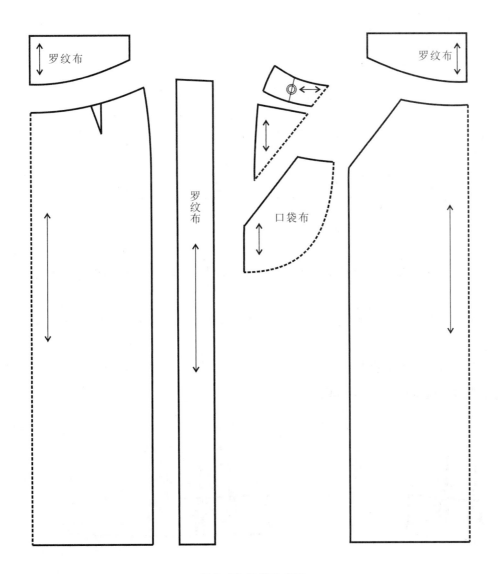

图 3-33 纸样完成图

十、款式 10：高腰打褶前搭裙

（一）款式描述（图 3-34）

面料：棉、毛、混纺；

弹性：无弹性；

厚薄：常规厚度；

长度：常规款；

廓型：H 型；

款式特征：高腰，碎褶，前门襟搭接。

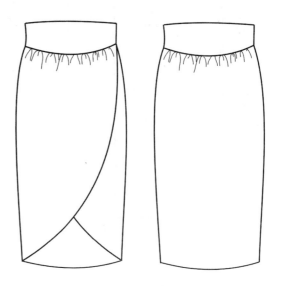

图 3-34 高腰打褶前搭裙款式图

（二）规格尺寸表（表3-10）

表3-10 规格尺寸表　　　　　　　　　　　　　　　　　　　　单位：cm

尺码	腰围	臀围	裙长
S	64	90	63
M	68	94	65
L	72	98	67
XL	76	102	69

（三）制图要点

（1）在裙子基本纸样的基础上，将腰省抬高5cm，楔形省上端的省量以距腰围线16cm的胸围线为省尖点截取确定；

（2）育克分割线设在腰围线以下2cm处，将楔形省近似画为直线省，合并，使高腰分割的裁片上没有省，符合款式图要求；

（3）设前片门襟搭接量，剩余的省量变为碎褶量。

（四）结构设计与纸样（图3-35、图3-36）

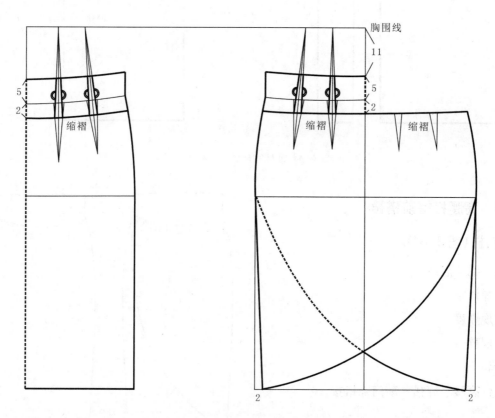

图3-35 结构设计图

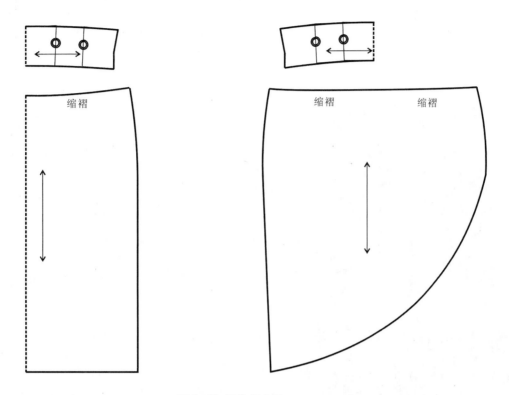

图 3-36 纸样完成图

第四章 裤子结构
设计与纸样

一、款式1：前分割线修身直筒裤

（一）款式描述（图4-1）

面料：棉、混纺；

弹性：低弹性；

厚薄：常规厚度或较厚；

长度：常规款；

廓型：H型；

款式特征：修身型，前片分割线。

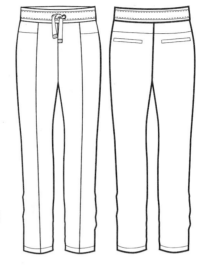

图 4-1 前分割线
修身直筒裤款式图

（二）规格尺寸表

表 4-1 规格尺寸表　　　　　　　　　　　　　　　　　　单位：cm

尺码	腰围	臀围	裤长	前裆弧长	后裆弧长
S	64	90	94	28.2	36.4
M	68	94	97	28.7	36.9
L	72	98	100	29.2	37.4
XL	78	102	103	29.7	37.9

（三）制图要点

（1）画出从腰围到裆线的长方形，长方形的高为上裆的长度27cm，宽为（H/4+1）cm，自长方形的最上端向下量取4cm，形成的小长方形为腰带纸样；

（2）找出前后裤片中线，量取裤长，画出裤口宽和膝盖宽；

（3）画出前后片横裆，根据所设省位和省量量取腰围线的长度，收省；

（4）画分割线，后片臀省转入育克内。

（四）结构设计与纸样（图4-2、图4-3）

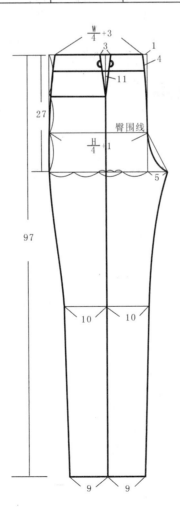

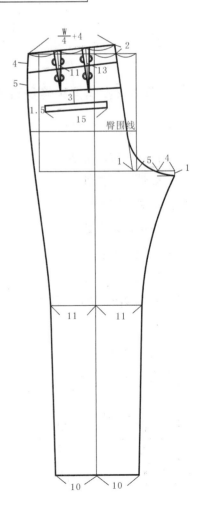

图 4-2 结构设计图

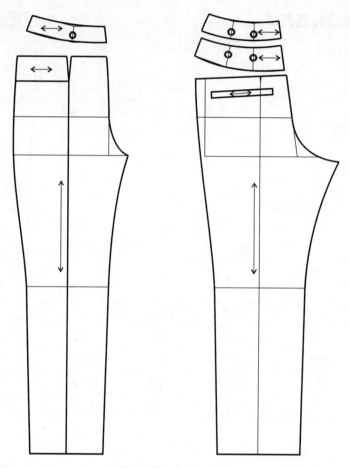

图 4-3 纸样完成图

二、款式 2：斜插袋修身直筒翻脚裤

（一）款式描述（图 4-4）

面料：棉、混纺；

弹性：低弹性；

厚薄：常规厚度；

长度：常规款；

廓型：H 型；

款式特征：修身型，前片单开线插袋，翻脚。

（二）规格尺寸表（表 4-2）

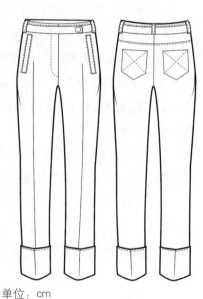

图 4-4 斜插袋修身
直筒翻脚裤款式图

表 4-2 规格尺寸表

单位：cm

尺码	腰围	臀围	裤长	前裆弧长	后裆弧长
S	64	90	94	28.2	36.4
M	68	94	97	28.7	36.9
L	72	98	100	29.2	37.4
XL	78	102	103	29.7	37.9

（三）制图要点

（1）画出从腰围到裆线的长方形，长方形的高为上裆的长度27cm，宽为(H/4+1)cm，自长方形的最上端向下量取4cm，形成的小长方形为腰带纸样；

（2）找出前后裤片中线，量取裤长，画出裤口宽和膝盖宽，裤长延长8cm，裤口略打开，作为翻脚部分的宽度；

（3）画出前后片横裆，根据所设省位和省量量取腰围线的长度，收省。

（四）结构设计与纸样（图4-5、图4-6）

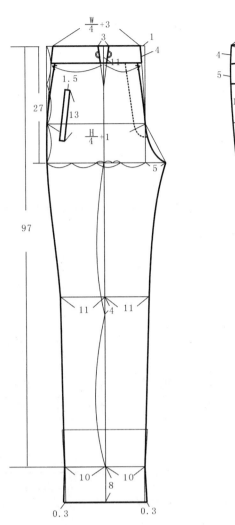
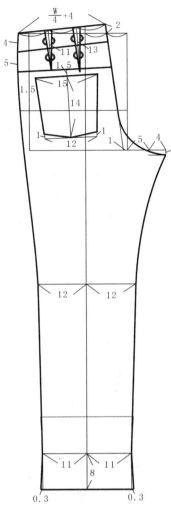

图4-5 结构设计图

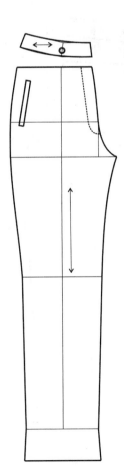
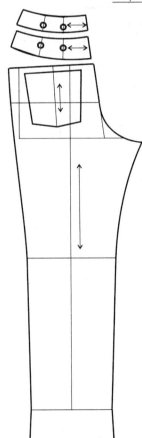

图4-6 纸样完成图

三、款式 3：前门外露拉链直筒灯笼裤

（一）款式描述（图 4-7）

面料：棉、混纺；

弹性：无弹性；

厚薄：常规厚度；

长度：常规款；

廓型：H 型；

款式特征：修身型，前门襟拉链，前片分割线，灯笼裤脚。

（二）规格尺寸表（表 4-3）

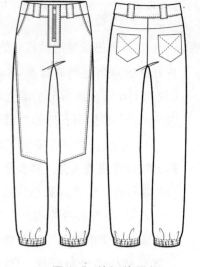

图 4-7 前门外露拉
链直筒灯笼裤款式图

表 4-3 规格尺寸表　　　　　　　　　　　　　　　　　单位：cm

尺码	腰围	臀围	裤长	前裆弧长	后裆弧长
S	64	92	97	28.2	36.4
M	68	96	100	28.7	36.9
L	72	100	103	29.2	37.4
XL	78	104	106	29.7	37.9

（三）制图要点

（1）画出从腰围到裆线的长方形，长方形的高为上裆的长度 27cm，宽为 (H/4+1.5)cm，自长方形的最上端向下量取 4cm，形成的小长方形为腰带纸样；

（2）画出前后片横裆，根据所设省位和省量量取腰围线的长度，收省；

（3）找出前后裤片中线，裤侧缝画成垂直线，画出前片分割线，将臀省转入后片育克内；

（4）画口袋和拉链垫布。

（四）结构设计与纸样（图 4-8、图 4-9）

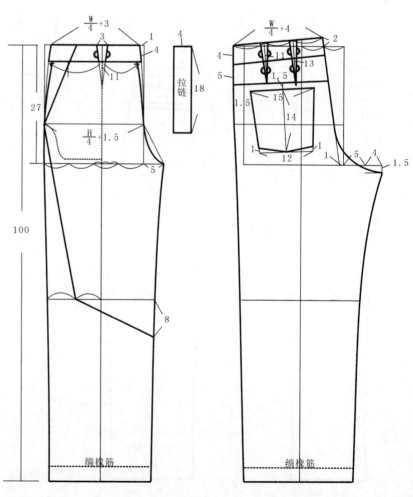

图 4-8 结构设计图

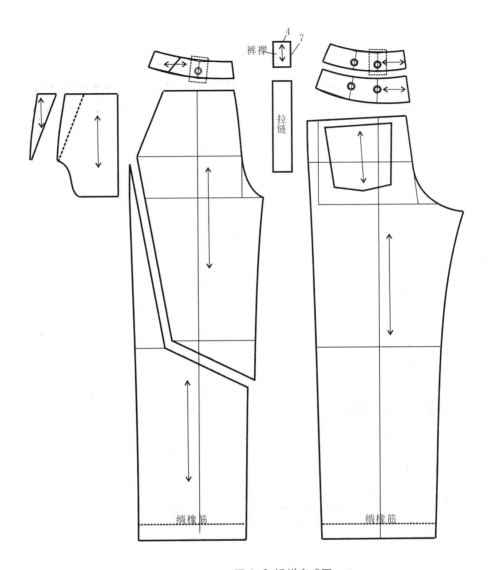

裤襻

4

7

拉链

缢橡筋

缢橡筋

图 4-9 纸样完成图

四、款式4：基本款吊裆裤

（一）款式描述（图4-10）

面料：棉、混纺；

弹性：无弹性或低弹性；

厚薄：常规厚度；

长度：常规款；

廓型：V型；

款式特征：吊裆。

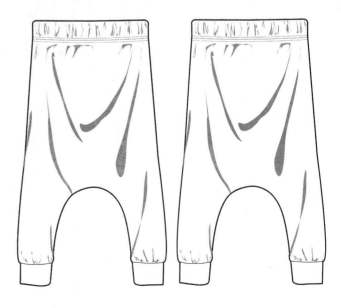

图 4-10 基本款吊裆裤款式图

（二）规格尺寸表（表4-4）

表4-4 规格尺寸表   单位：cm

尺码	腰围	臀围	裤长	前裆弧长	后裆弧长
S	64	—	94	—	—
M	68	—	97	—	—
L	72	—	100	—	—
XL	78	—	103	—	—

（三）制图要点

（1）画出从腰围到裆线的长方形，长方形的高为上裆的长度27cm，宽为（H/4+1）cm，自长方形的最上端向下量取4cm，形成的小长方形为腰带纸样，按照裤子纸样的制图步骤画出吊裆裤基本纸样；

（2）分出裤口分割片；

（3）以前后裤片腰线中心点和裆点的连线为垂直线，重新摆放裤片，剪开裤内侧缝，加入垂褶量，注意前后片打开量相等；

（4）沿剪开的裤片画出外轮廓。

（四）结构设计与纸样（图4-11～图4-13）

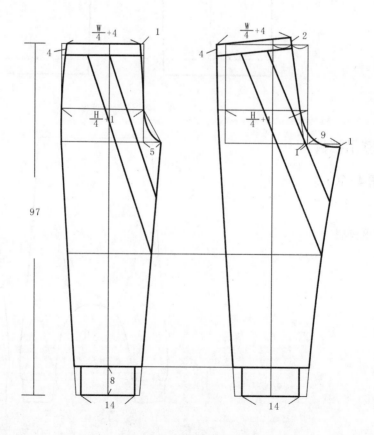

图4-11 结构设计图（一）

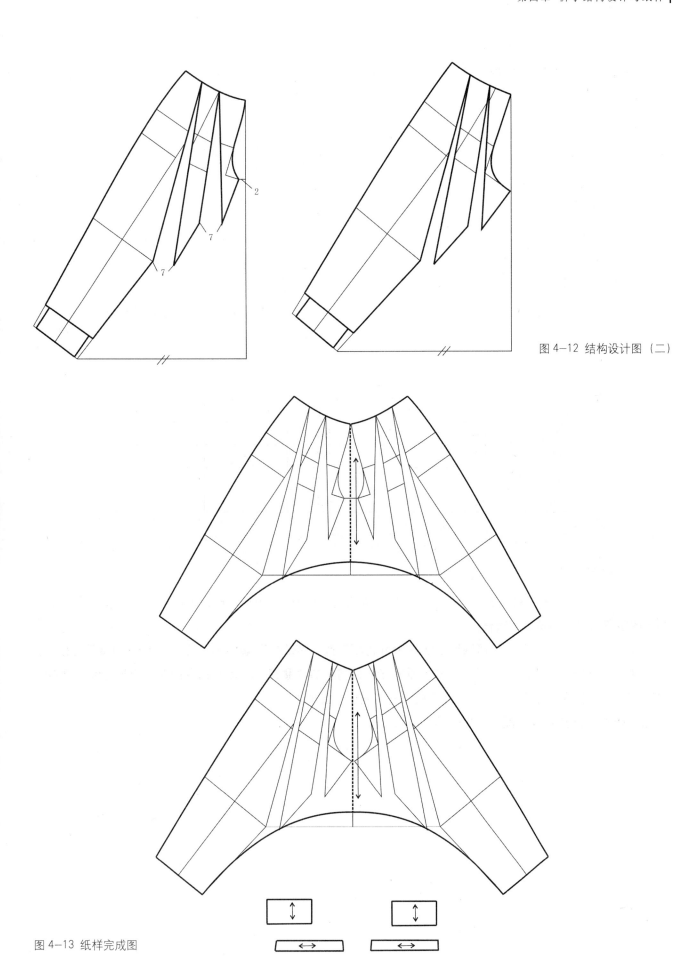

图 4-12 结构设计图（二）

图 4-13 纸样完成图

五、款式 5：侧垂褶连裆裤

（一）款式描述（图 4-14）

面料：棉、混纺；

弹性：低弹性；

厚薄：常规厚度或薄；

长度：常规款；

廓型：V 型；

款式特征：腰头打褶，两侧垂褶，连裆。

（二）规格尺寸表（表 4-5）

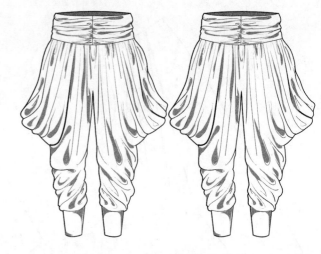

图 4-14 侧垂褶连裆裤款式图

表 4-5 规格尺寸表   单位：cm

尺码	腰围	臀围	裤长	前裆弧长	后裆弧长
S	64	—	94	—	—
M	68	—	97	—	—
L	72	—	100	—	—
XL	78	—	103	—	—

（三）制图要点

（1）画出从腰围到裆线的长方形，长方形的高为上裆的长度 27cm，宽为（H/4+1）cm，按照裤子纸样的制图步骤画出吊裆裤基本纸样；

（2）分出裤口分割片，设腰围线上下各 4cm 为腰带宽，腰带纸样宽 14cm，多出的 6cm 为腰带打褶量；

（3）分割出裤子侧片，并剪开，加入垂褶量。以前后裤片腰线中心点和裆点的连线为垂直线，重新摆放裤片，裤子前后片各自左右相连，注意前后片内侧缝长度相等。

（四）结构设计与纸样（图 4-15 ～图 4-17）

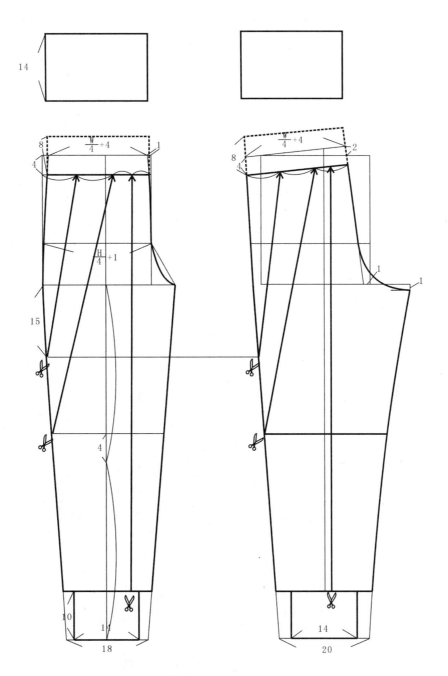

图 4-15 结构设计图（一）

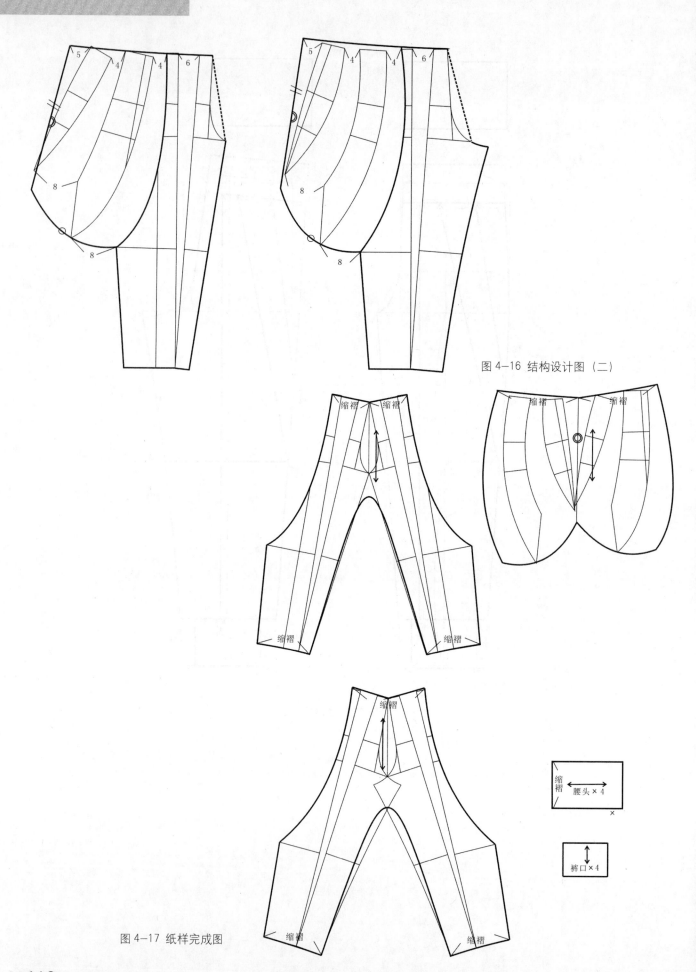

图 4-16 结构设计图（二）

图 4-17 纸样完成图

六、款式6：低腰抽绳宽脚裤

（一）款式描述（图4-18）

面料：棉、麻、丝、混纺；

弹性：无弹性或低弹性；

厚薄：常规厚度或薄；

长度：常规款；

廓型：H型；

款式特征：低腰，宽脚，后片无省。

（二）规格尺寸表（表4-6）

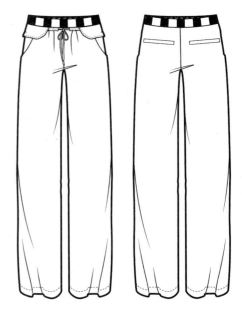

图4-18 低腰抽绳宽脚裤款式图

表4-6 规格尺寸表   单位：cm

尺码	腰围	臀围	裤长	前裆弧长	后裆弧长
S	70	88	97	22.2	30.4
M	74	92	100	22.7	30.9
L	78	96	103	23.2	31.4
XL	82	100	106	23.7	31.9

（三）制图要点

（1）画出从腰围到裆线的长方形，长方形的高为上裆的长度27cm，宽为（H/4+1）cm，按照裤子纸样的制图步骤画出基本纸样，裤脚宽27cm；

（2）腰线位置向下落6cm，形成低腰腰线，腰带宽3cm，前片余省收褶，后片余省放入侧缝；

（3）腰头外层加一段腰带，以便绳带穿入。

（四）结构设计与纸样（图4-19、图4-20）

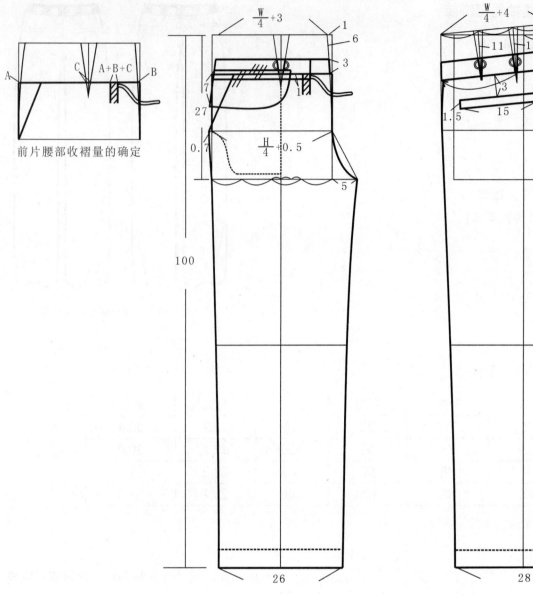

前片腰部收褶量的确定

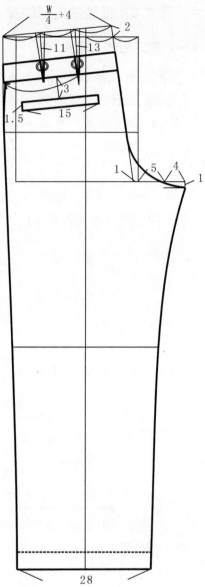

图 4-19 结构设计图

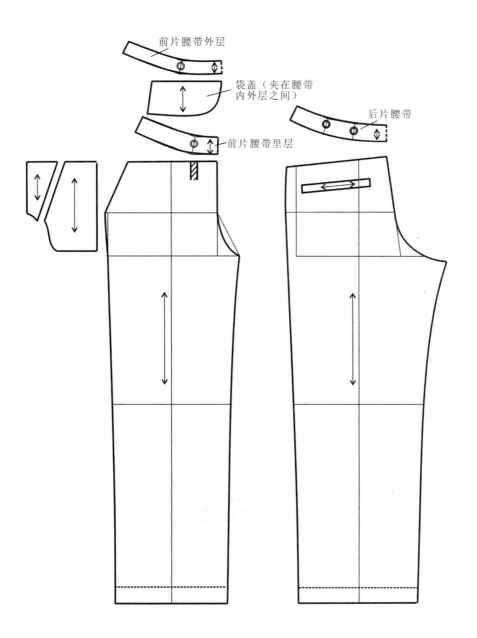

前片腰带外层

袋盖（夹在腰带
内外层之间）

后片腰带

前片腰带里层

图 4-20 纸样完成图

七、款式 7：低腰打褶宽脚裤

（一）款式描述（图 4-21）

面料：棉、麻、混纺；

弹性：无弹性或低弹性；

厚薄：常规厚度或薄；

长度：常规款；

廓型：小 A 型；

款式特征：低腰，宽脚，腰部打褶。

（二）规格尺寸表（表 4-7）

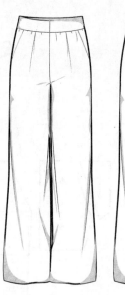

图 4-21 低腰打
褶宽脚裤款式图

表 4-7 规格尺寸表
单位：cm

尺码	腰围	臀围	裤长	前裆弧长	后裆弧长
S	68	90	99	26.2	34.4
M	72	94	102	26.7	34.9
L	76	98	105	27.2	35.4
XL	80	102	108	27.7	35.9

（三）制图要点

（1）画出从腰围到裆线的长方形，长方形的高为上裆的长度 27cm，宽为 (H/4+1) cm，按照裤子纸样的制图步骤画出基本纸样，裤口宽 33cm；

（2）腰线位置向下落 2cm，形成低腰腰线，腰带宽 3cm，前、后片余省打褶。

（四）结构设计与纸样（图 4-22、图 4-23）

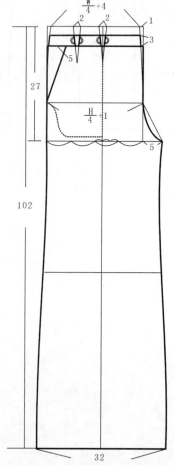
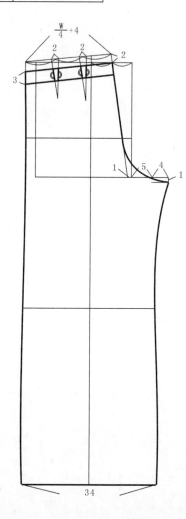

图 4-22 结构设计图

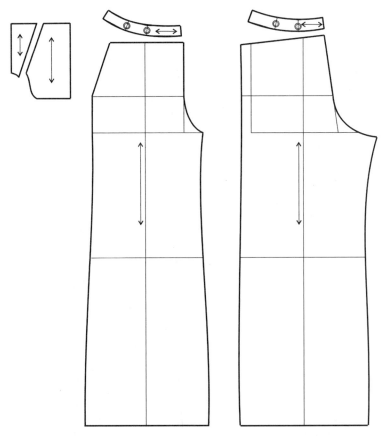

图 4-23 纸样完成图

八、款式 8：低腰喇叭裤

（一）款式描述（图 4-24）

面料：棉、混纺；

弹性：无弹性；

厚薄：常规厚度或厚；

长度：常规款；

廓型：X 型；

款式特征：低腰，喇叭型。

（二）规格尺寸表（表 4-8）

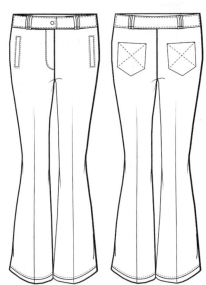

图 4-24 低腰喇叭裤款式图

表 4-8 规格尺寸表   单位：cm

尺码	腰围	臀围	裤长	前裆弧长	后裆弧长
S	70	90	99	23.2	31.4
M	74	94	102	23.7	31.9
L	78	98	105	24.2	32.4
XL	82	102	108	24.7	32.9

（三）制图要点

（1）画出从腰围到裆线的长方形，长方形的高为上裆的长度27cm，宽为（H/4+1）cm，按照裤子纸样的制图步骤画出基本纸样，膝盖宽23cm，裤口宽27cm；

（2）腰线位置向下落5cm，形成低腰腰线，腰带宽3cm，前片余省收到侧缝和前中心线，后片余省放入后中线。

（四）结构设计与纸样（图4-25、图4-26）

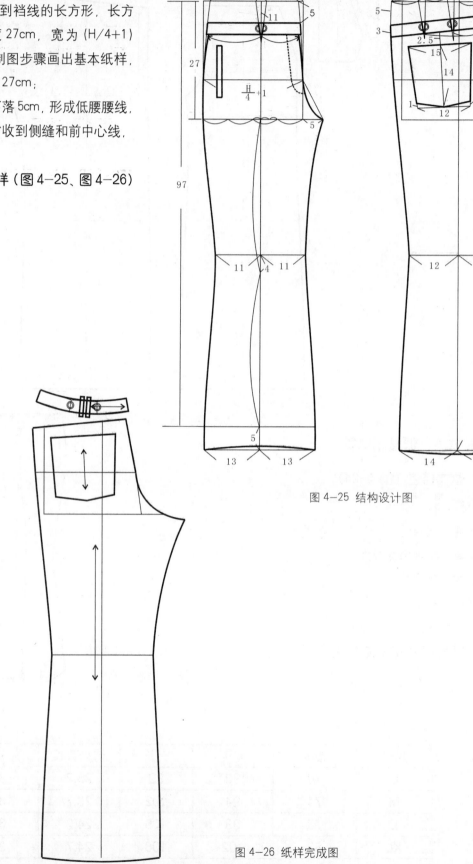

图4-25 结构设计图

图4-26 纸样完成图

九、款式9：系带哈伦裤

（一）款式描述（图4-27）

面料：棉、混纺；

弹性：无弹性或低弹性；

厚薄：常规厚度；

长度：常规款；

廓型：V型；

款式特征：前片打褶，后片收省，裤脚窄小。

图4-27 系带哈伦裤款式图

（二）规格尺寸表（表4-9）

表4-9 规格尺寸表 单位：cm

尺码	腰围	臀围	裤长	前裆弧长	后裆弧长
S	64	90	89	30.2	38.4
M	68	94	92	30.7	38.9
L	72	98	95	31.2	39.4
XL	74	102	98	31.7	39.9

（三）制图要点

（1）画出从腰围到裆线的长方形，长方形的高为上裆的长度26cm，宽为（H/4+1）cm，按照裤子纸样的制图步骤画出基本纸样，裤口宽15cm，另外加出腰带宽3cm；

（2）前片沿裤中缝剪开，加入3cm褶量，收褶。

（四）结构设计与纸样（图4-28、图4-29）

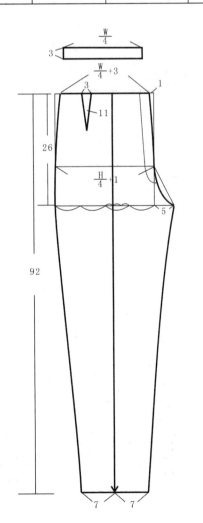

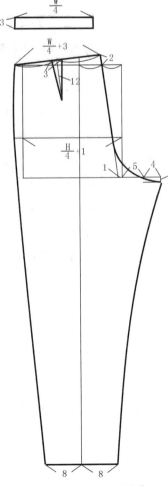

图4-28 结构设计图

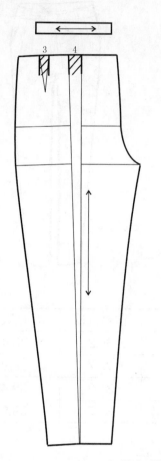
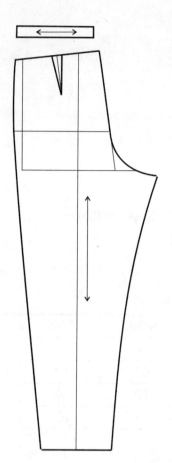

图 4-29 纸样完成图

十、款式 10：舒适弹力紧身裤

（一）款式描述（图 4-30）

面料：棉、混纺；

弹性：中等弹性；

厚薄：常规厚度；

长度：常规款；

廓型：V 型；

款式特征：前片打褶，无腰省，侧面贴袋。

（二）规格尺寸表（表 4-10）

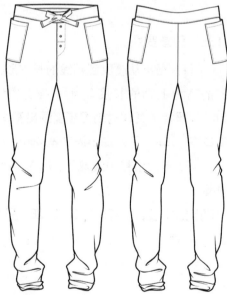

图 4-30 舒适弹
力紧身裤款式图

表 4-10 规格尺寸表   单位：cm

尺码	腰围	臀围	裤长	前裆弧长	后裆弧长
S	64	88	97	28.2	35.4
M	68	92	100	28.7	35.9
L	72	96	103	29.2	36.4
XL	74	100	106	29.7	36.9

（三）制图要点

（1）画出从腰围到裆线的长方形，长方形的高为上裆的长度 26cm，宽为 (H/4+0.5)cm，按照裤子纸样的制图步骤画出基本纸样，裤口宽 15cm，在裤片上截取腰带宽 3cm；

（2）前、后片余省放入侧缝和前后中心线，画出侧面贴袋纸样。

（四）结构设计与纸样（图 4-31、图 4-32）

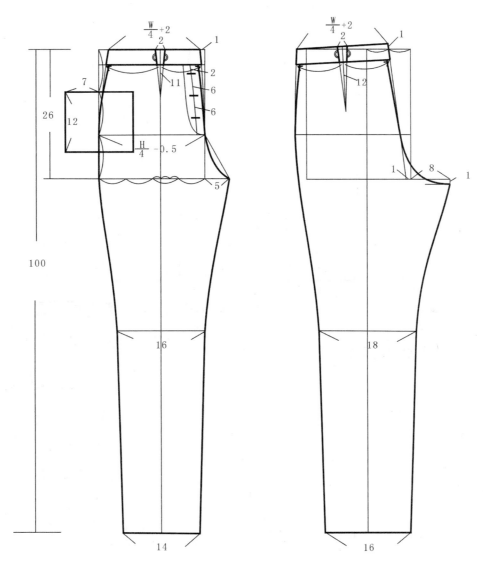

图 4-31 结构设计图

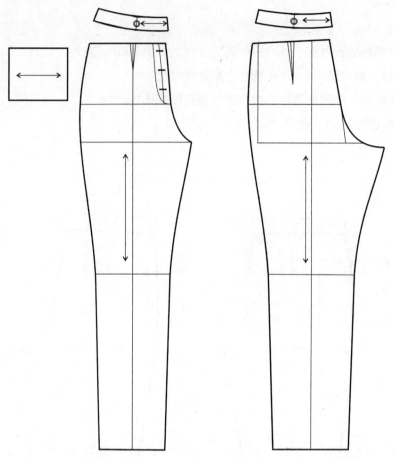

图 4-32 纸样完成图

十一、款式 11：低腰高弹紧身裤

（一）款式描述（图 4-33）

面料：棉、混纺；

弹性：高弹性；

厚薄：常规厚度；

长度：常规款；

廓型：V 型；

款式特征：前后片腰线碎褶，紧身，有分割线。

（二）规格尺寸表（表 4-11）

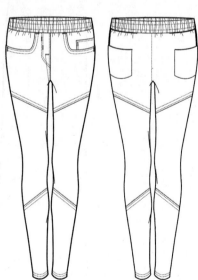

图 4-33 低腰高
弹紧身裤款式图

表 4-11 规格尺寸表   单位：cm

尺码	腰围	臀围	裤长	前裆弧长	后裆弧长
S	68	88	94	25.2	32.4
M	72	92	97	25.7	32.9
L	76	96	100	26.2	33.4
XL	80	100	103	26.7	33.9

（三）制图要点

（1）画出从腰围到裆线的长方形，长方形的高为上裆的长度 26cm，宽为 (H/4+0.5)cm，按照裤子纸样的制图步骤画出基本纸样，裤口宽 15cm，腰围线向下落 3cm，形成低腰腰线，在裤片上截取腰带宽 3cm；

（2）画出前片横插袋、零钱袋和后片侧贴袋纸样，画出裤腿分割线。

（四）结构设计与纸样（图 4-34、图 4-35）

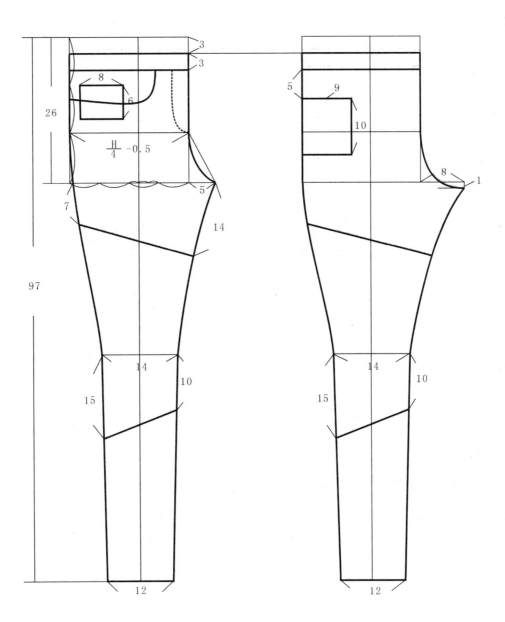

图 4-34 结构设计图

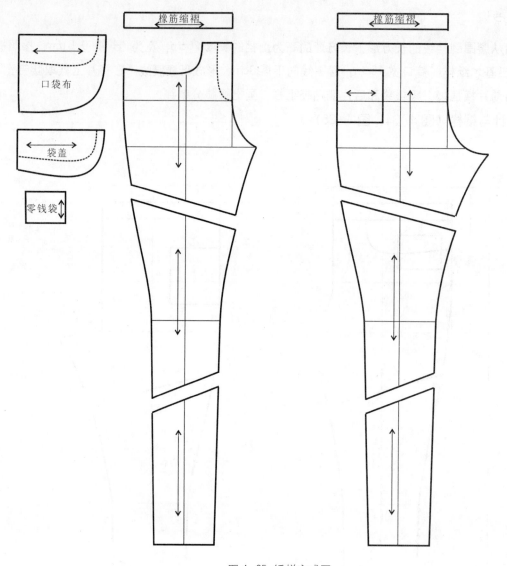

图 4-35 纸样完成图

十二、款式 12：侧加片短裤

（一）款式描述（图 4-36）

面料：棉、混纺；

弹性：无弹性；

厚薄：常规厚度；

长度：常规款；

廓型：H 型；

款式特征：前片两侧外加打褶衣片。

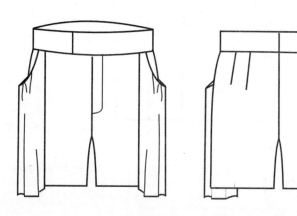

图 4-36 侧加片短裤款式图

（二）规格尺寸表（表4-12）

表4-12 规格尺寸表   单位：cm

尺码	腰围	臀围	裤长	前裆弧长	后裆弧长
S	64	90	38	28.2	36.4
M	68	94	39	28.7	36.9
L	72	98	40	29.2	37.4
XL	74	102	41	29.7	37.9

（三）制图要点

（1）画出从腰围到裆线的长方形，长方形的高为上裆的长度27cm，宽为（H/4+1）cm，按照裤子纸样的制图步骤画出基本纸样，截取裤长39cm，注意保持裤脚宽以裤中线为中心对称相等；

（2）在前片设一条分割线，从分割线到侧缝加一个衣片，将前片腰省移入分割线内，并剪开此衣片，加入打褶量。

（四）结构设计与纸样（图4-37、图4-38）

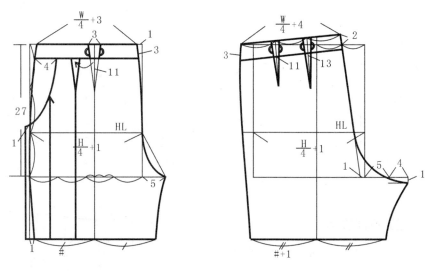

图4-37 结构设计图

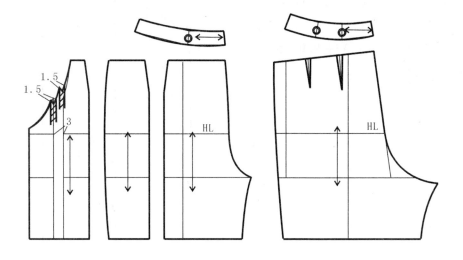

图4-38 纸样完成图

十三、款式 13：育克打褶裙裤

（一）款式描述（图 4-39）

面料：棉、麻、毛、混纺；

弹性：无弹性；

厚薄：常规厚度或薄；

长度：常规款；

廓型：H 型；

款式特征：育克，打褶，裤脚宽大。

（二）规格尺寸表（表 4-13）

图 4-39 育克打褶
裙裤款式图

表 4-13 规格尺寸表　　　　　　　　　　　　　　　　　　　　　　单位：cm

尺码	腰围	臀围	裤长	前裆弧长	后裆弧长
S	64	90	87	32	34
M	68	94	90	33	35
L	72	98	93	34	36
XL	74	102	96	35	37

（三）制图要点

（1）在裙子基本纸样的基础上，加出前片横裆 6cm，后片横裆 10cm；

（2）画出育克分割线，合并腰省，剪开裙片，加入打褶量。

（四）结构设计与纸样（图 4-40、图 4-41）

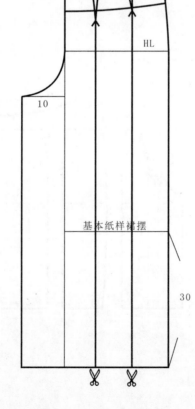

图 4-40 结构设计图

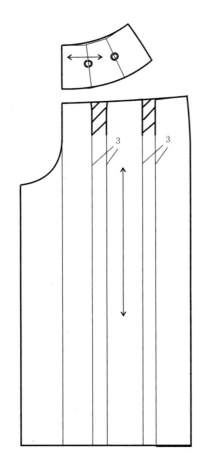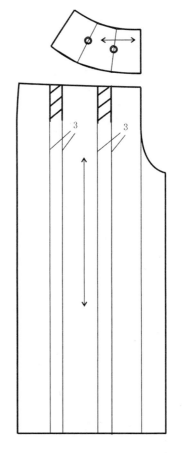

图 4-41 纸样完成图

十四、款式 14：小翻领无袖连身裤

（一）款式描述（图 4-42）

面料：棉、丝、混纺；

弹性：无弹性；

厚薄：常规厚度或薄；

长度：常规款；

廓型：H 型；

款式特征：小翻领，连身裤。

（二）规格尺寸表（表 4-14）

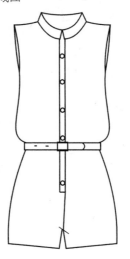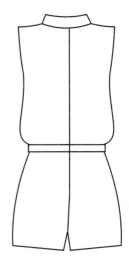

图 4-42 小翻领无袖连身裤款式图

表 4-14 规格尺寸表   单位：cm

尺码	胸围	腰围	臀围	裤长	领高
S	90	82	90	42	5
M	94	86	94	43	5
L	98	90	98	44	5
XL	102	94	102	45	5

（三）制图要点

（1）分别画出上衣和裤子的纸样，上衣长度延长 4cm，作为上衣垂坠量；裤子上裆长 28cm，长于普通裤子的上裆，便于活动；上衣与裤子到腰线的长度要相等；

（2）上衣与裤子连接在一起裁剪，加出明门襟；画出连体企领纸样。

（四）结构设计与纸样（图 4-43、图 4-44）

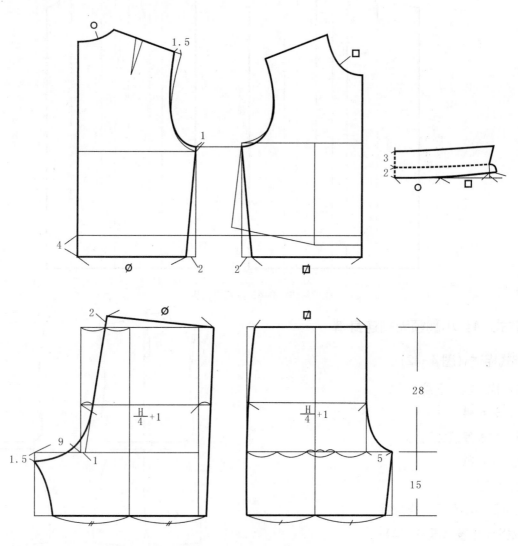

图 4-43 结构设计图

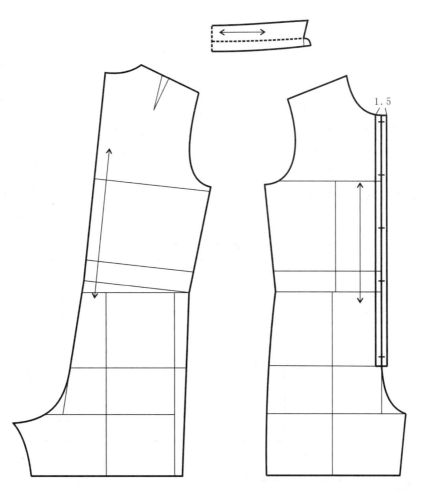

图 4-44 纸样完成图

十五、款式 15：吊带背心连身裤

（一）款式描述（图 4-45）

面料：棉、丝、混纺；

弹性：无弹性；

厚薄：常规厚度或薄；

长度：常规款；

廓型：H 型；

款式特征：吊带背心，连身裤。

（二）规格尺寸表（表 4-15）

图 4-45 吊带背

心连身裤款式图

表 4-15 规格尺寸表 　　　　　　　单位：cm

尺码	胸围	腰围	臀围	裤长
S	88	80	92	42
M	92	84	96	43
L	96	88	100	44
XL	100	92	104	45

（三）制图要点

（1）分别画出上衣和裤子的纸样，上衣长度延长5cm，作为垂坠量和低腰量，吊带位置在肩线靠近肩点1/3处；

（2）裤子上裆长24cm，加宽横裆，在裤子腰线上加出打褶量。

（四）结构设计与纸样（图4-46、图4-47）

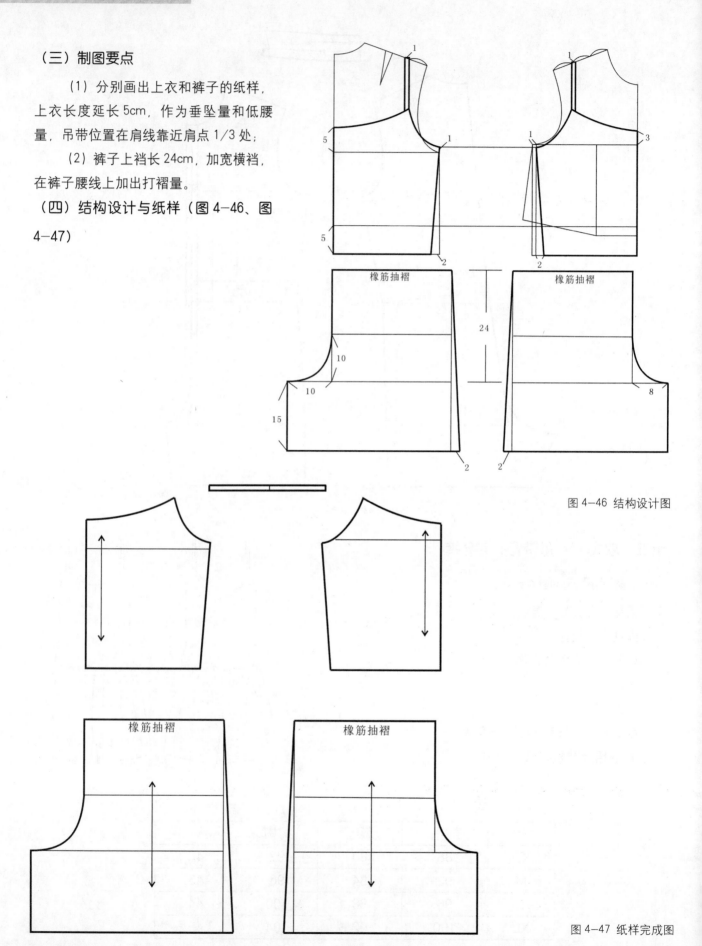

图 4-46 结构设计图

图 4-47 纸样完成图

十六、款式 16：低腰修身七分裤

（一）款式描述（图 4-48）

面料：棉、混纺；

弹性：无弹性；

厚薄：常规厚度；

长度：常规款；

廓型：V 型；

款式特征：无省，低腰，七分裤。

（二）规格尺寸表（表 4-16）

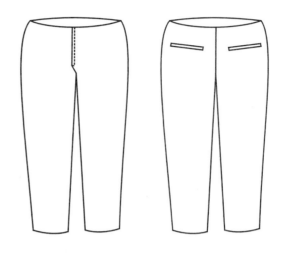

图 4-48 低腰修身七分裤款式图

表 4-16 规格尺寸表　　　　　　　　　　　　　　单位：cm

尺码	腰围	臀围	裤长	前裆弧长	后裆弧长
S	70	88	58	21.2	29.4
M	74	92	61	21.7	29.9
L	78	96	63	22.2	30.4
XL	82	100	65	22.7	30.9

（三）制图要点

（1）画出从腰围到裆线的长方形，长方形的高为上裆的长度 27cm，宽为（H/4+0.5）cm，按照裤子纸样的制图步骤画出基本纸样，腰围线下落 7cm，腰部的余省放入前后中心线和侧缝；

（2）裤长定在膝盖线下 10cm，裤脚宽 21cm。

（四）结构设计与纸样（图 4-49、图 4-50）

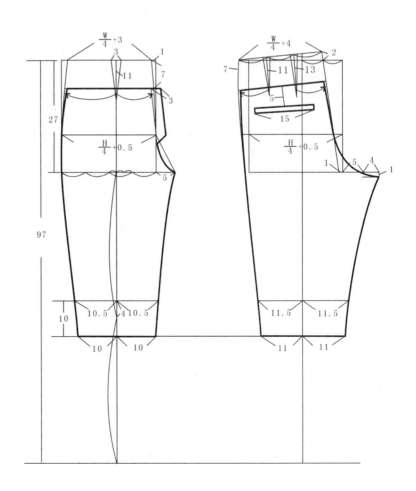

图 4-49 结构设计图

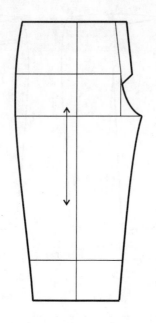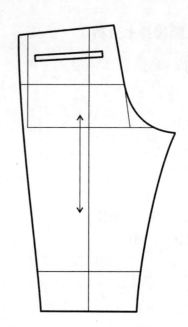

图 4-50 纸样完成图

十七、款式 17：打褶橡筋宽松七分裤

（一）款式描述（图 4-51）

面料：棉、混纺；

弹性：无弹性；

厚薄：常规厚度；

长度：常规款；

廓型：A 型；

款式特征：腰部打褶，绱橡筋，裤脚宽大。

（二）规格尺寸表（表 4-17）

图 4-51 打褶橡筋宽松七分裤款式图

表 4-17 规格尺寸表   单位：cm

尺码	腰围	臀围	裤长	前裆弧长	后裆弧长
S	64	90	64	28.2	36.4
M	68	94	66	28.7	36.9
L	72	98	68	29.2	37.4
XL	76	102	70	29.7	37.9

（三）制图要点

（1）画出从腰围到裆线的长方形，长方形的高为上裆的长度 28cm，宽为 (H/4+1)cm，按照裤子纸样的制图步骤画出基本纸样，前片侧缝打开 3cm，注意左右裤脚以裤中线为中心线左右对称相等；

（2）裤腰多余的松量在前片打褶，后片收省。

132

（四）结构设计与纸样（图

4-52、图 4-53)

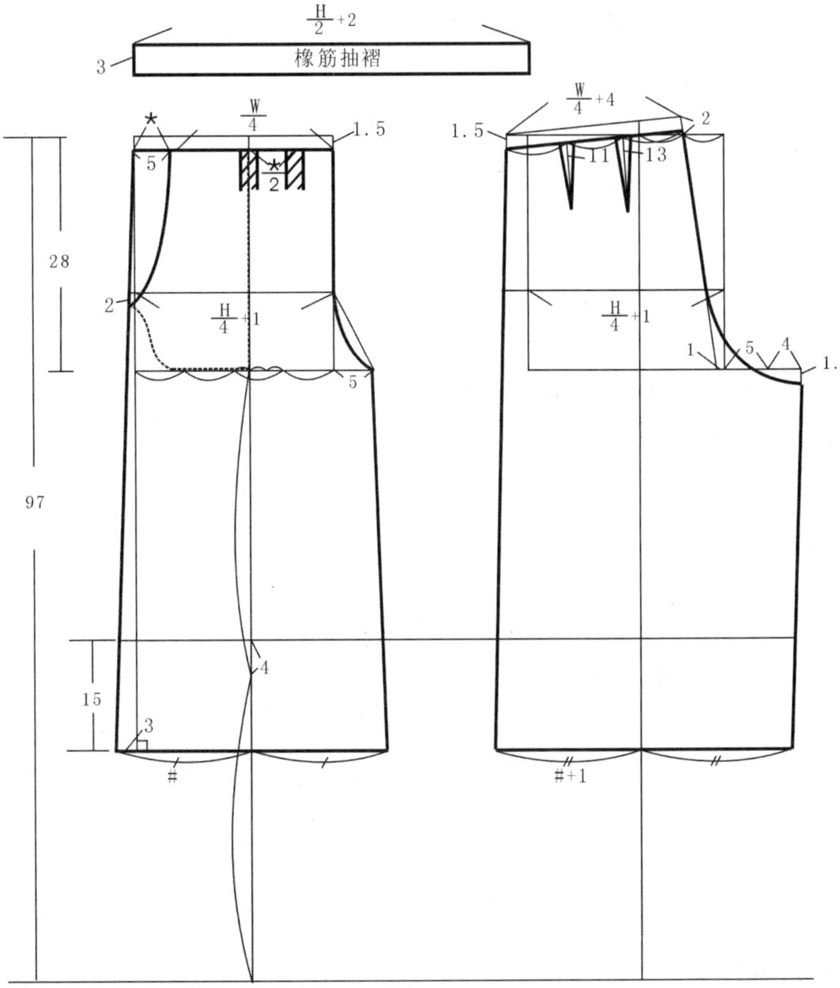

$\frac{H}{2}+2$

3 橡筋抽褶

$\frac{W}{4}$　1.5

5　　$\frac{★}{2}$

28

2　$\frac{H}{4}+1$

5

97

15

3

#　　/

$\frac{W}{4}+4$

1.5　11　13　2

$\frac{H}{4}+1$

1　5　4

1.5

#+1　//

图 4-52 结构设计图

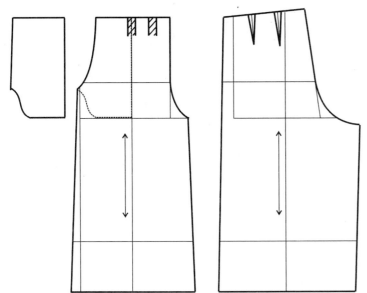

图 4-53 纸样完成图

十八、款式 18：低腰 A 型短裤

（一）款式描述（图 4-54）

面料：棉、混纺；

弹性：无弹性；

厚薄：常规厚度或厚；

长度：常规款；

廓型：A 型；

款式特征：低腰，无省，裤脚略宽。

（二）规格尺寸表（表 4-18）

图 4-54 低腰 A 型短裤款式图

表 4-18 规格尺寸表   单位：cm

尺码	腰围	臀围	裤长	前裆弧长	后裆弧长
S	68	90	46	24.2	32.4
M	72	94	48	24.7	32.9
L	76	98	50	25.2	33.4
XL	80	102	52	25.7	33.9

（三）制图要点

（1）画出从腰围到裆线的长方形，长方形的高为上裆的长度 27cm，宽为 (H/4+1)cm，按照裤子纸样的制图步骤画出基本纸样，裤长定在膝盖线上 3cm，前片侧缝打开 2cm，注意左右裤脚以裤中线为中心线左右对称相等；

（2）裤腰余省放入前后中心线和侧缝。

（四）结构设计与纸样（图 4-55、图 4-56）

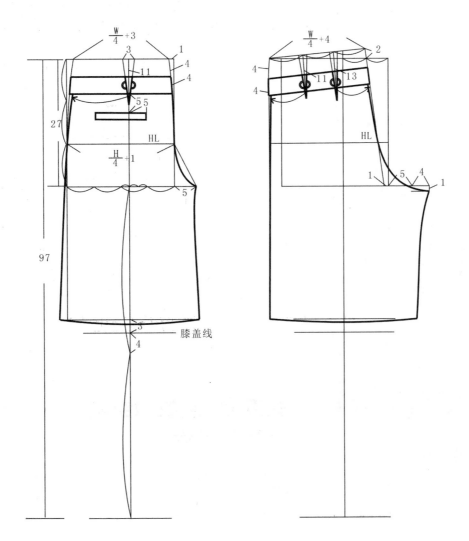

图 4-55 结构设计图

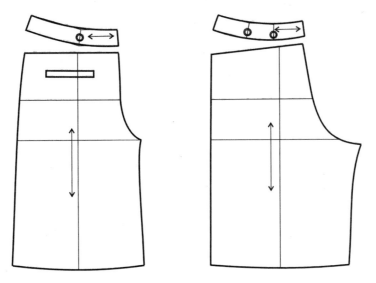

图 4-56 纸样完成图

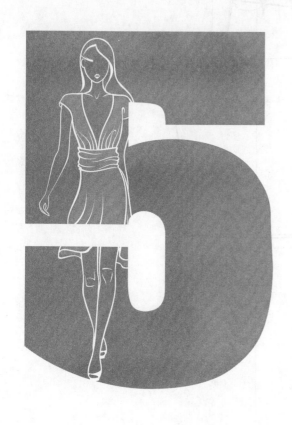

第五章 连衣裙结构设计与纸样

一、款式1：腰部抽褶

不对称连衣裙

（一）款式图（图5-1）

（由于连衣裙的设计
自由度比较大，本章节的
面料、弹性等参数略）

图5-1 腰部抽褶不对称连衣裙款式图

（二）规格尺寸表（表5-1）

表5-1 规格尺寸表   单位：cm

尺码	胸围	臀围	后衣长	袖长
S	90	96	96	53.5
M	94	100	100	55
L	98	104	104	56.5
XL	102	108	108	58

（三）制图要点

（1）在衣片基本纸样的基础上，侧颈点打开3cm，肩线延长3cm，腰线下落3cm，腋下省转移到腰线上，作为腰线褶量；

（2）以衣片的腰线长度为基础，侧缝起翘2cm，画出裙子纸样，前片打褶；

（3）袖山高11cm，袖口收紧3cm。

（四）结构设计与纸样（图5-2～图5-4）

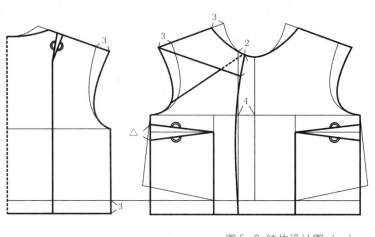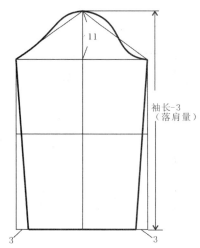

图5-2 结构设计图（一）

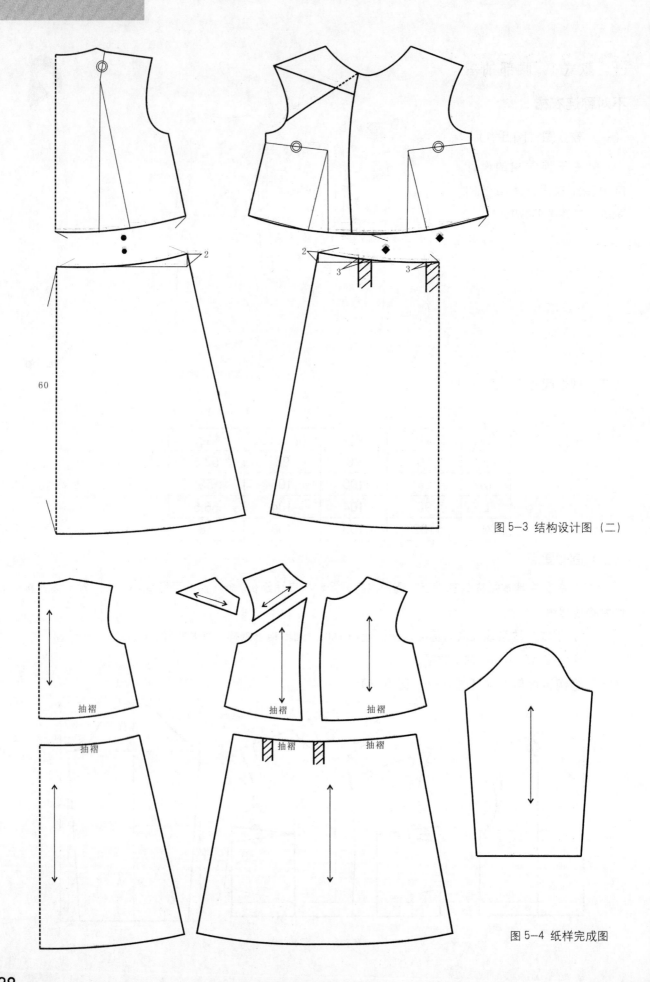

图 5-3 结构设计图（二）

图 5-4 纸样完成图

二、款式 2：不对称翻领宽松连衣裙

（一）款式图（图 5-5）

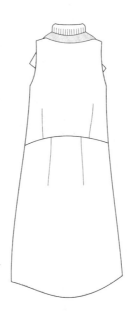

图 5-5 不对称翻领宽松连衣裙款式图

（二）规格尺寸表（表 5-2）

表 5-2 规格尺寸表 　　　　　　　　　　　　　　单位：cm

尺码	胸围	腰围	臀围	后衣长	袖长
S	90	—	96	84	—
M	94	—	100	87	—
L	98	—	104	90	—
XL	102	—	108	93	—

（三）制图要点

（1）在衣片基本纸样的基础上，肩线缩短 3cm，左右领分别按照青果领和缺口翻领纸样制图；

（2）前片侧缝直接延长，后片侧缝打开 4cm，画出腰线位置，衣片和裙片分别收褶。

（四）结构设计与纸样（图 5-6、图 5-7）

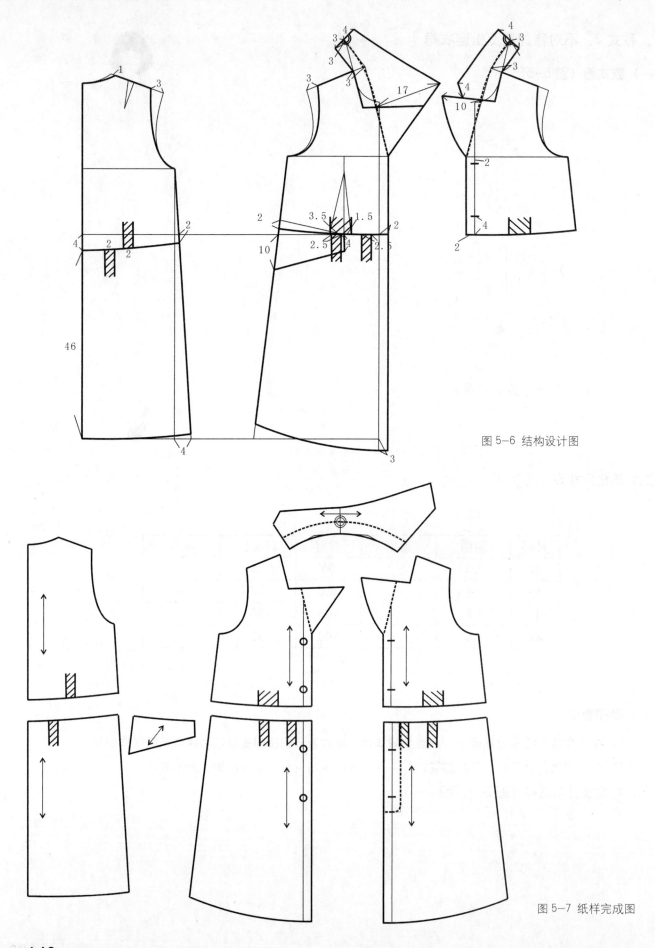

图 5-6 结构设计图

图 5-7 纸样完成图

三、款式3：镶边领腰部打褶连衣裙

（一）款式图（图5-8）

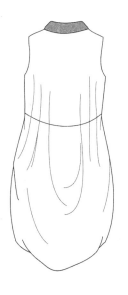

图5-8 镶边领腰部打褶连衣裙款式图

（二）规格尺寸表（表5-3）

表5-3 规格尺寸表 　　　　　　　　　　　　　　　　　　　单位：cm

尺码	胸围	腰围	臀围	后衣长	袖长
S	86	—	96	94	—
M	90	—	100	97	—
L	94	—	104	100	—
XL	98	—	108	103	—

（三）制图要点

（1）在衣片基本纸样的基础上，侧颈点打开3cm，前后片侧缝收紧胸围放松量1cm，加出后裙长70cm，前裙长40cm；

（2）腋下省和肩省转移至裙摆，腰部多余松量收成三个褶。

（四）结构设计与纸样（图5-9～图5-11）

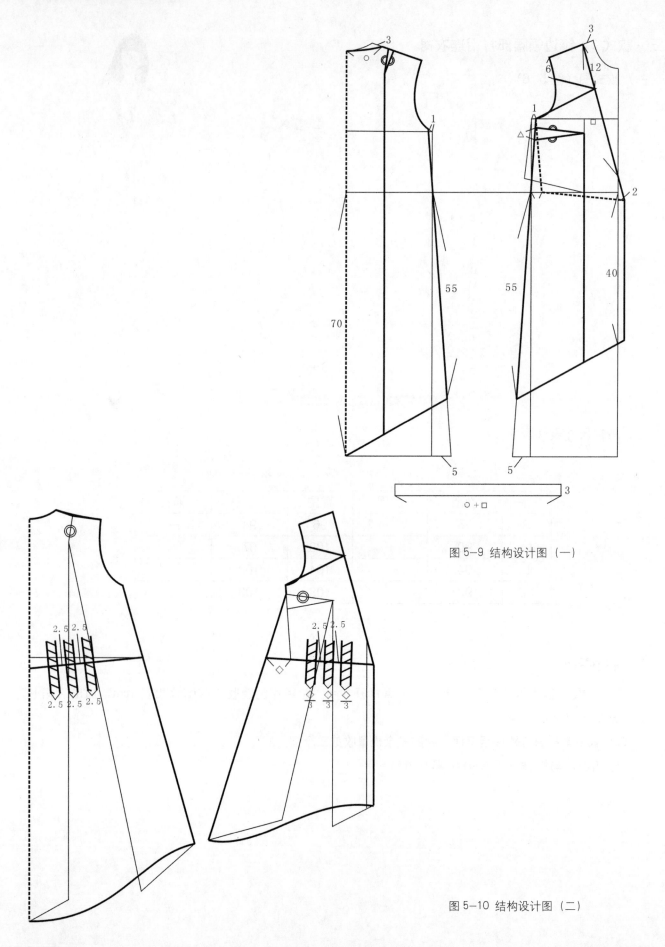

图 5-9 结构设计图（一）

图 5-10 结构设计图（二）

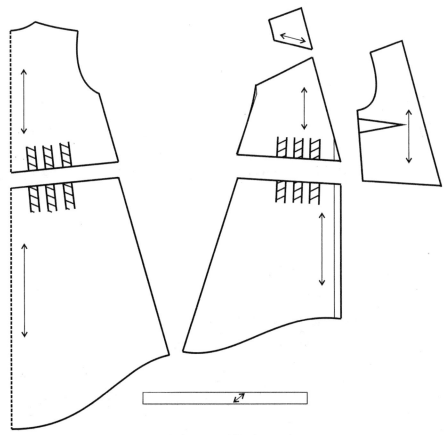

图 5-11 纸样完成图

四、款式 4：长袖小立领连衣裙

（一）款式图（图 5-12）

图 5-12 长袖小立领连衣裙款式图

（二）规格尺寸表（表5-4）

表5-4 规格尺寸表   单位：cm

尺码	胸围	腰围	臀围	后衣长	袖长
S	90	72	90	93	54.5
M	94	76	94	97	56
L	98	80	98	101	57.5
XL	102	84	102	105	59

（三）制图要点

（1）在衣片基本纸样的基础上，肩线延长2cm，腋下点下落2cm，腋下省和肩胛省转移到分割线上；

（2）加出裙子长度60cm，前后侧缝各收腰1.5cm，腰线、分割线各收褶3cm，后中心线开衩；

（3）袖山高10cm，左右袖底缝收紧4cm，领高1.5cm。

（四）结构设计与纸样（图5-13、图5-14）

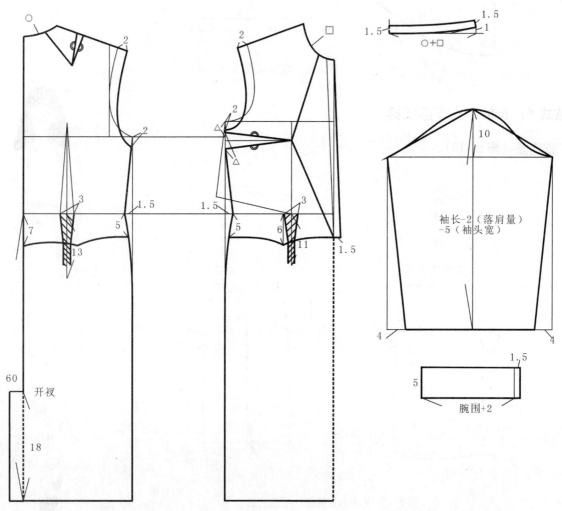

图5-13 结构设计图

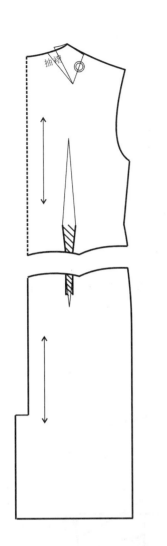
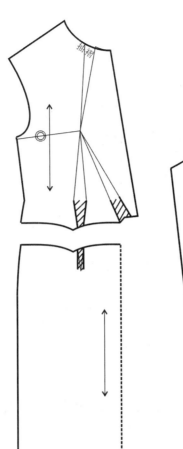
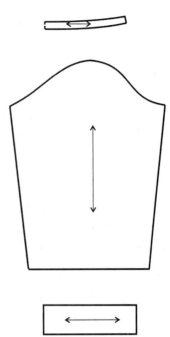

图 5-14 纸样完成图

五、款式 5：前片对搭打褶连衣裙

（一）款式图（图 5-15）

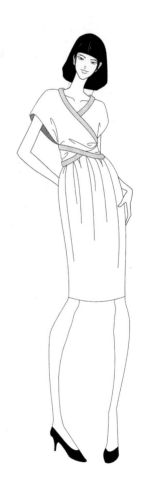

图 5-15 前片对搭打褶连衣裙款式图

（二）规格尺寸表（表5-5）

表5-5 规格尺寸表   单位：cm

尺码	胸围	腰围	臀围	后衣长	袖长
S	90	70	98	94	10
M	94	74	102	97	11
L	98	78	106	100	12
XL	102	82	110	103	13

（三）制图要点

（1）在衣片基本纸样的基础上，前肩点抬高1.5cm，前肩线延长11.5cm，后肩点抬高2cm，后肩线延长10cm，腋下点下落4cm，画出原身袖；

（2）前后片侧缝收腰2cm，腋下省和腰省转移至侧缝打褶处；

（3）裙子沿腰线剪开，加入腰部打褶量。

（四）结构设计与纸样（图5-16、图5-17）

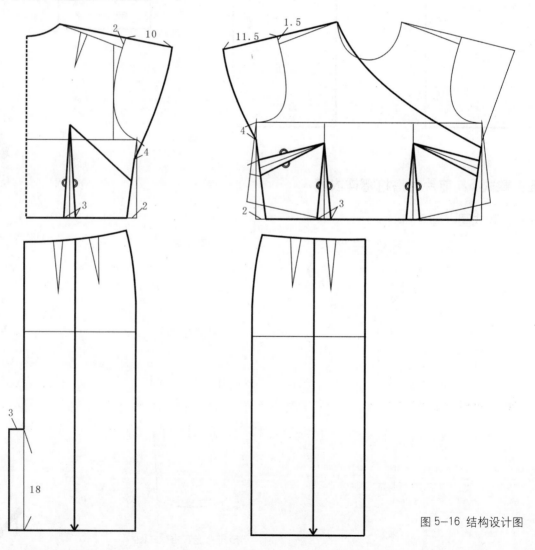

图5-16 结构设计图

146

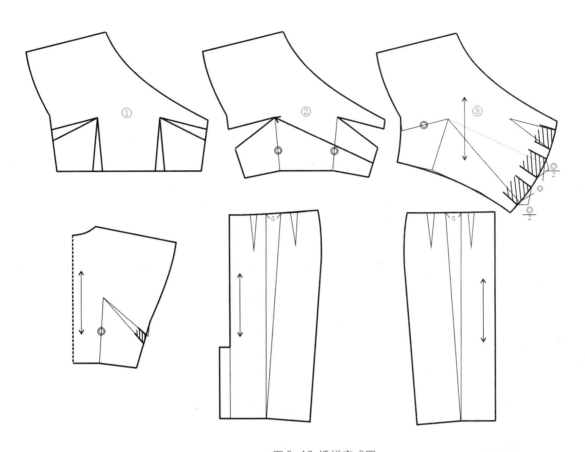

图 5-17 纸样完成图

六、款式 6：翻领短袖连衣裙

（一）款式图（图 5-18）

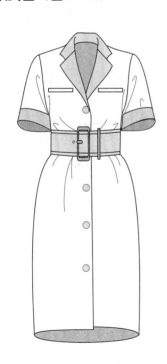

图 5-18 翻领短袖连衣裙款式图

（二）规格尺寸表（表5-6）

表5-6 规格尺寸表   单位：cm

尺码	胸围	腰围	臀围	后衣长	袖长
S	92	86	94	94	28
M	96	90	98	97	29
L	100	94	102	100	30
XL	104	98	106	103	31

（三）制图要点

（1）在衣片基本纸样的基础上，前肩点抬高1cm，前肩线延长1cm，后肩点抬高1.5cm，后肩线延长1cm，腋下点下落2cm；

（2）前后片侧缝各收腰1.5cm，加出裙长60cm，画出开衩；

（3）袖山高17cm，袖长29cm，袖底缝各打开2cm。

（四）结构设计与纸样（图5-19、图5-20）

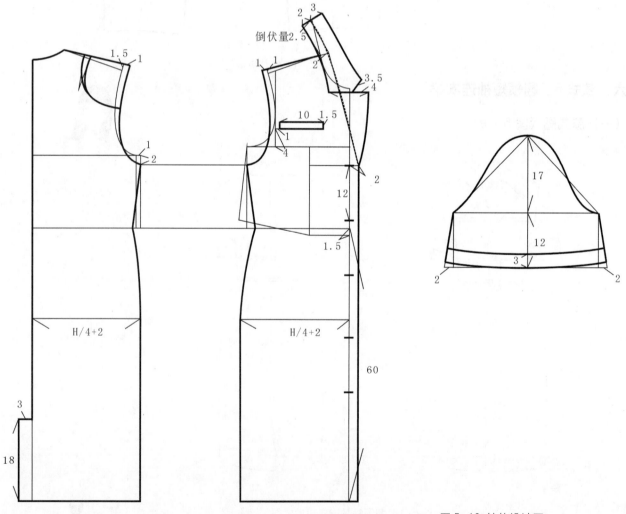

图5-19 结构设计图

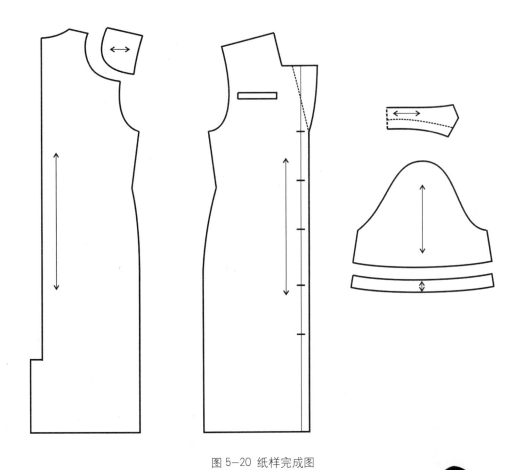

图 5-20 纸样完成图

七、款式 7：翻角领连身袖连衣裙

（一）款式图（图 5-21）

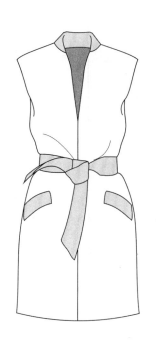

图 5-21 翻角领连身袖连衣裙款式图

（二）规格尺寸表（表5-7）

表5-7 规格尺寸表   单位：cm

尺码	胸围	腰围	臀围	后衣长	袖长
S	88	88	94	82	6
M	92	92	98	85	6
L	96	96	102	88	6
XL	100	100	106	91	6

（三）制图要点

（1）在衣片基本纸样的基础上，从后肩点出发画一条水平线，长度6cm，线段的右端点与后侧颈点连接，形成新的肩线；延长前肩线，使其与新的后肩线长度相等，腋下点下落5cm；

（2）加出裙长48cm，臀围尺寸为（H/4+2）cm；

（3）翻角领的领座高2.5cm，领面宽1cm，腰带宽6cm、长140cm。

（四）结构设计与纸样（图5-22、图5-23）

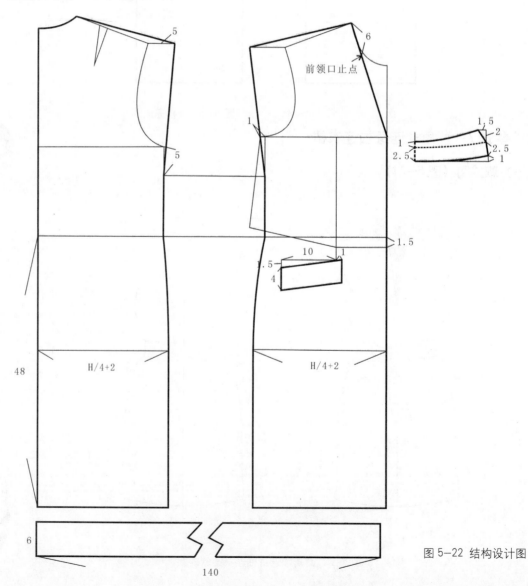

图5-22 结构设计图

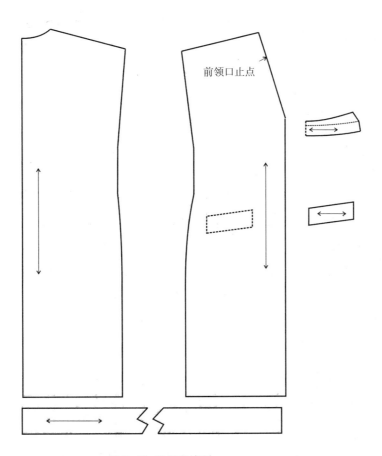

前领口止点

图 5-23 纸样完成图

八、款式 8：前胸打褶蝴蝶结连衣裙

（一）款式图（图 5-24）

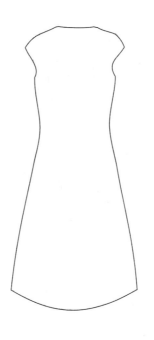

图 5-1 前胸打褶蝴蝶结连衣裙款式图

（二）规格尺寸表（表5-8）

表5-8 规格尺寸表   单位：cm

尺码	胸围	腰围	臀围	后衣长	袖长
S	86	80	92	89	4
M	90	84	96	92	4
L	94	88	100	95	5
XL	98	92	104	98	5

（三）制图要点

（1）在衣片基本纸样的基础上，设计领型，连身袖按照插肩袖的制图步骤确定袖中线，袖长5cm；

（2）加出裙长55cm，臀围尺寸为（H/4+1.5）cm，前后侧缝各收腰1.5cm，裙摆放出3cm；

（3）前裙片画出分割线，前胸和前裙片剪开打褶位，加入打褶量。

（四）结构设计与纸样（图5-25、图5-26）

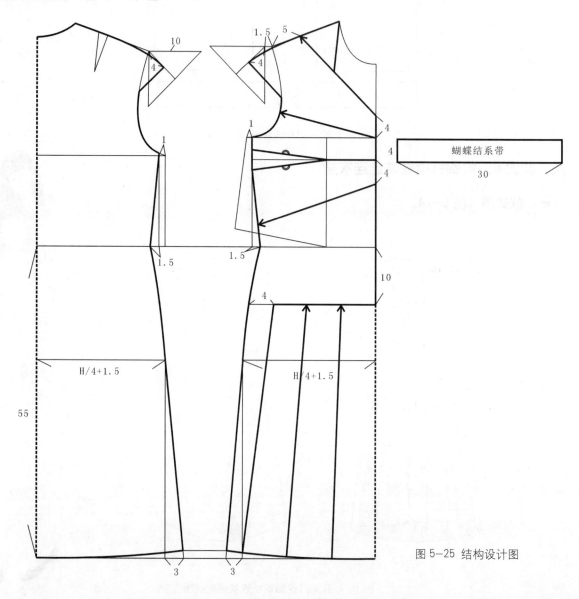

图5-25 结构设计图

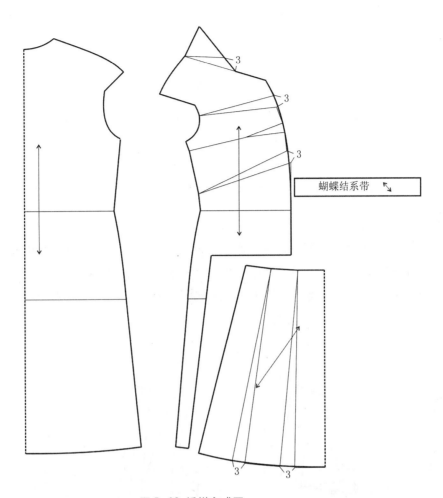

蝴蝶结系带

图 5-26 纸样完成图

九、款式 9：古希腊式打褶连衣裙

（一）款式图（图 5-27）

图 5-27 古希腊式打褶连衣裙款式图

（二）规格尺寸表（表5-9）

表5-9 规格尺寸表   单位：cm

尺码	胸围	腰围	臀围	后衣长	袖长
S	—	—	—	113	—
M	—	—	—	117	—
L	—	—	—	121	—
XL	—	—	—	125	—

（三）制图要点

（1）在衣片基本纸样的基础上，前、后肩点分别缩进3cm，加出裙长80cm，侧缝各加出摆量4cm；

（2）腋下省、肩胛省转移至裙摆，另外再剪开两个打褶位，加入打褶量；

（3）以腰围线长（H/4+10）cm为制图尺寸，侧缝起翘量2cm，画出里层衬裙纸样。

（四）结构设计与纸样（图5-28～图5-30）

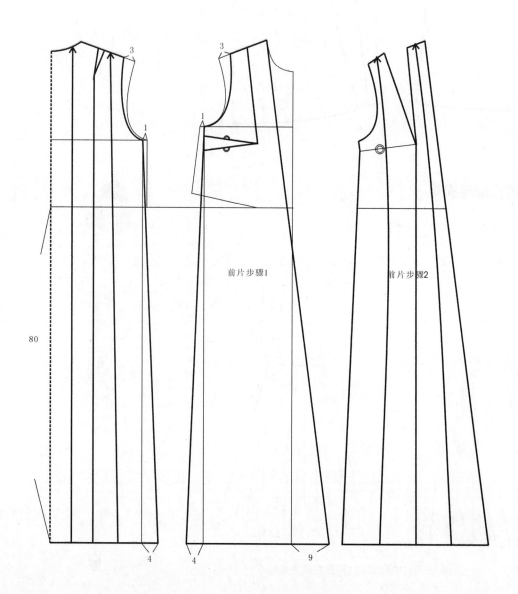

前片步骤1   前片步骤2

图5-28 结构设计图

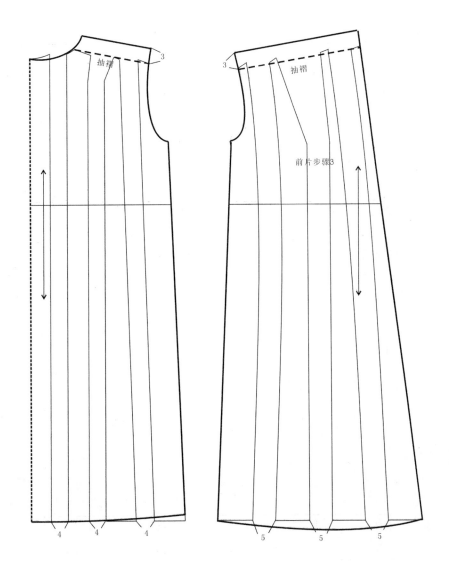

图 5-29 外层裙纸样完成图

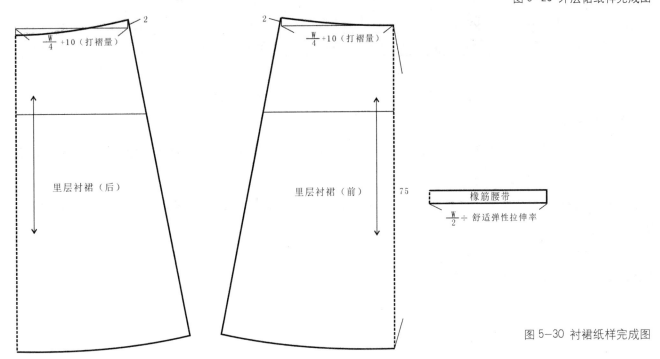

图 5-30 衬裙纸样完成图

十、款式 10：短马甲假两件连衣裙

（一）款式图（图 5-31）

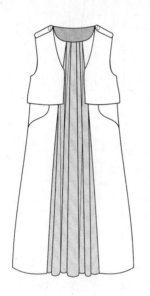
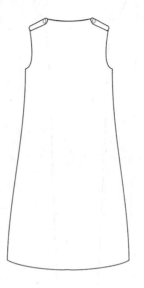

图 5-31 短马甲假两件连衣裙款式图

（二）规格尺寸表（表 5-10）

表 5-10 规格尺寸表 　　　　　　　　　　　　　　　　单位：cm

尺码	胸围	腰围	臀围	后衣长	袖长
S	88	—	96	84	—
M	92	—	100	87	—
L	96	—	104	90	—
XL	100	—	108	93	—

（三）制图要点

（1）在衣片基本纸样的基础上，后侧颈点打开 1cm，后肩点缩进 2.5cm，前肩点缩进 2cm，这样前后肩线等长；加出裙长 50cm，侧缝各加出摆量 5cm；

（2）上衣身前片分为两层作图，马甲直接在纸样上设计出轮廓，内侧连衣裙的腋下省转移至由肩线至侧缝的分割线；

（3）剪开前片打褶位，加入打褶量，画出肩带纸样。

（四）结构设计与纸样（图 5-32、图 5-33）

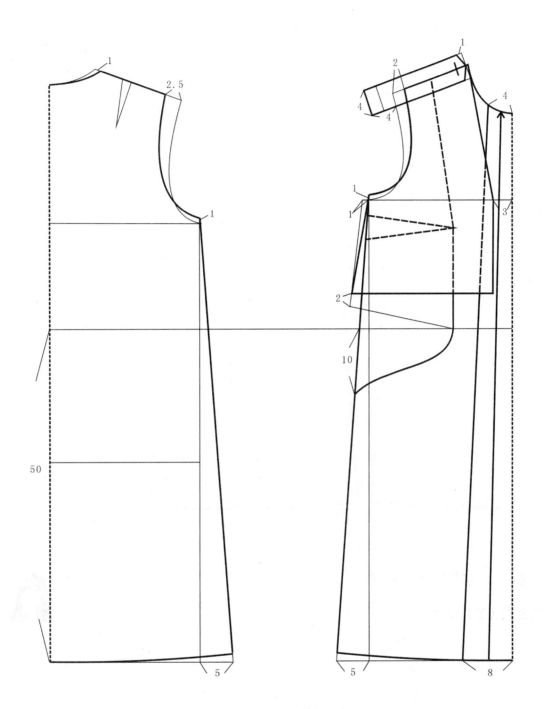

图 5-32 结构设计图

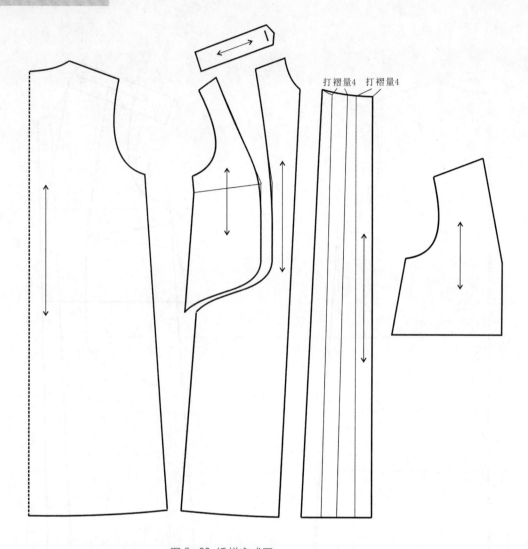

图 5-33 纸样完成图

十一、款式 11：多层褶边连衣裙

（一）款式图（图 5-34）

图 5-34 多层褶边连衣裙款式图

（二）规格尺寸表（表5-11）

表5-11 规格尺寸表   单位：cm

尺码	胸围	臀围	后衣长	袖长
S	90	96	103	20
M	94	100	107	20
L	98	104	111	20
XL	102	108	115	20

（三）制图要点

（1）在衣片基本纸样的基础上，后肩点收进2.5cm，前肩点缩进1cm，前片侧缝胸围放松量收紧1cm，前后侧缝收腰1cm；

（2）前后片肩部剪开，加入打褶量，腋下省转移至前胸，裙摆标记出绱褶边的位置，以便确定褶边的宽度和形状等。

（四）结构设计与纸样

（图5-35、图5-36）

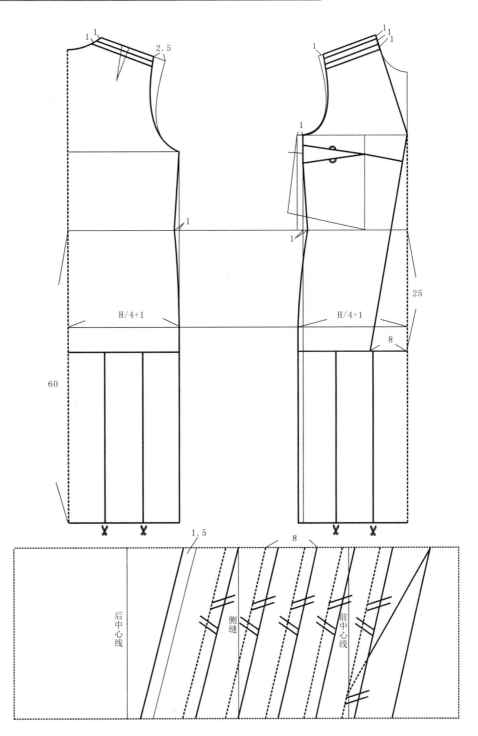

图5-35 结构设计图

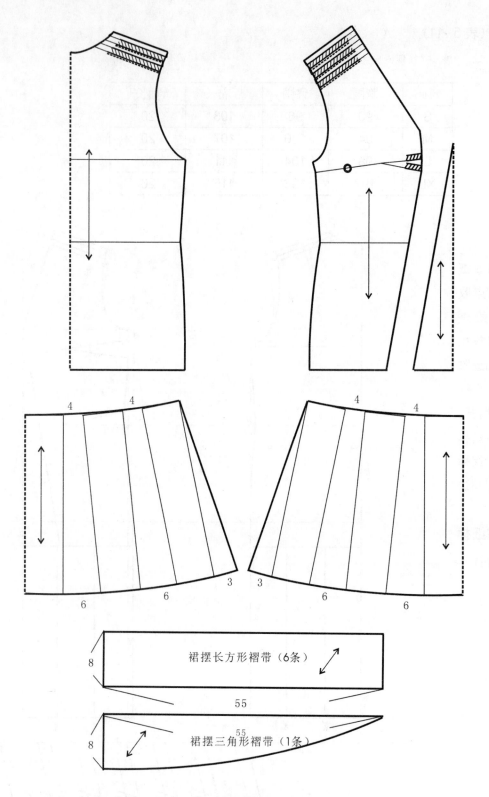

图 5-36 纸样完成图

十二、款式 12：荷叶形肩袖小高领连衣裙

（一）款式图（图 5-37）

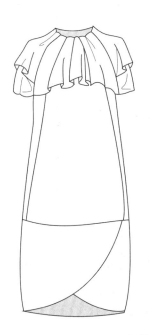
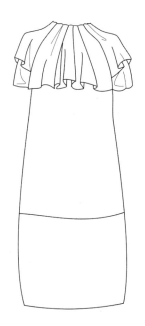

图 5-37 荷叶形肩袖小高领连衣裙款式图

（二）规格尺寸表（表 5-12）

表 5-12 规格尺寸表　　　　　　　　　　　　　　　　　单位：cm

尺码	胸围	腰围	臀围	后衣长
S	88	84	90	93
M	92	88	94	97
L	96	92	100	101
XL	100	96	104	105

（三）制图要点

（1）在衣片基本纸样的基础上，前、后颈点和侧颈点各抬高 1.5cm，形成小高领，按照插肩袖的制图方法，画出袖山高 13.5cm、袖长 20cm 的插肩短袖；

（2）加出裙长 70cm，裙子横向分割线距腰线 40cm，画出前片左右搭接的纸样形状；

（3）前片领胸部、后片背部、袖子全部剪开，加入荷叶褶量。

（四）结构设计与纸样（图 5-38 ～图 5-40）

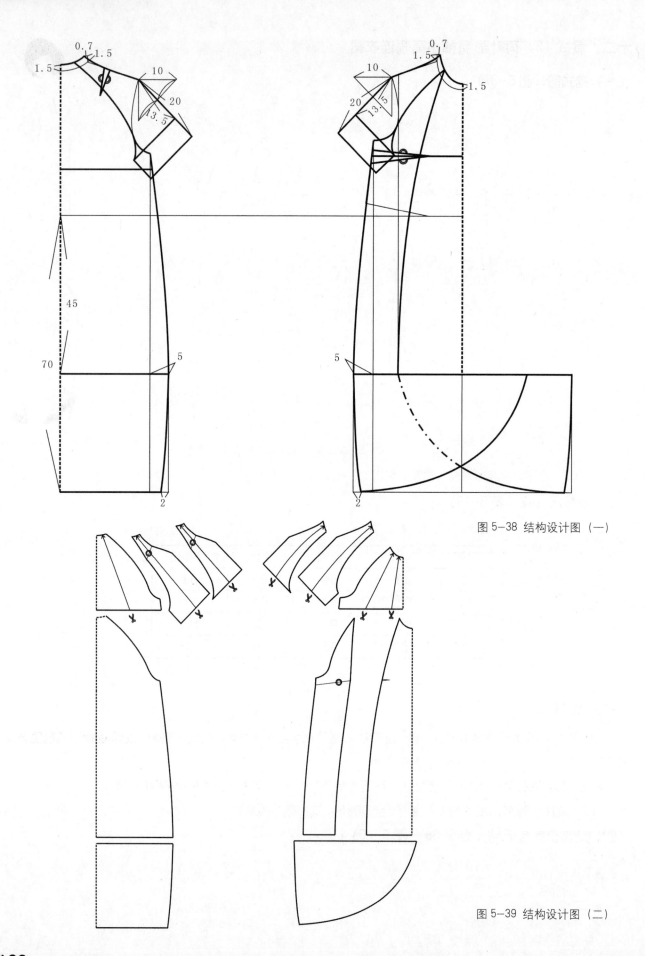

图 5-38 结构设计图（一）

图 5-39 结构设计图（二）

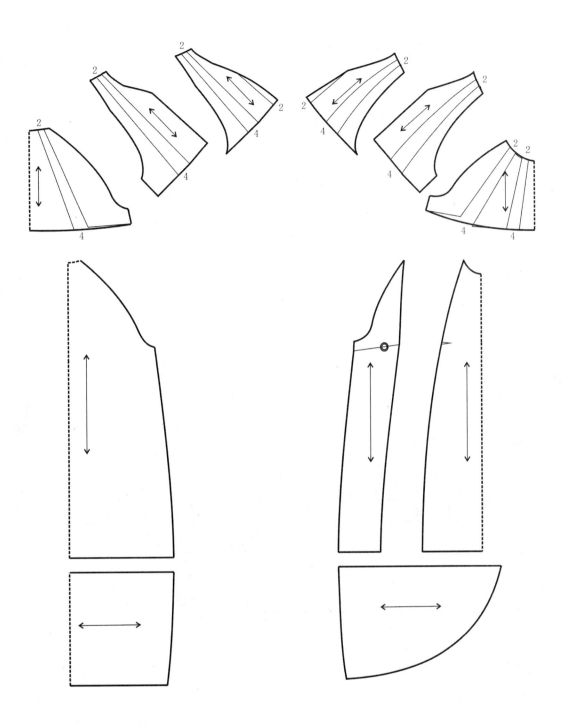

图 5-40 纸样完成图

十三、款式 13：肩部风琴褶连衣裙

（一）款式图（图 5-41）

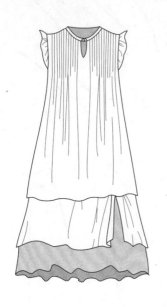

图 5-41 肩部风琴褶连衣裙款式图

（二）规格尺寸表（表 5-13）

表 5-13 规格尺寸表   单位：cm

尺码	胸围（里裙）	腰围	臀围	后衣长	袖长
S	90	—	96	103	—
M	94	—	100	107	—
L	98	—	104	111	—
XL	102	—	108	115	—

（三）制图要点

分为里裙和外裙两层制图：

（1）在衣片基本纸样的基础上，里裙的肩胛省转移至裙摆，腋下省转移至肩线和裙摆，画出领口形状；

（2）外裙的腋下省转移至肩部，再剪开其他褶位，加入打褶量，画出不对称裙摆分割片；

（3）前后片肩部加出 3cm 的袖边，剪开，加入荷叶边褶量，画出 1.5cm 宽的领圈。

（四）结构设计与纸样（图 5-42、图 5-43）

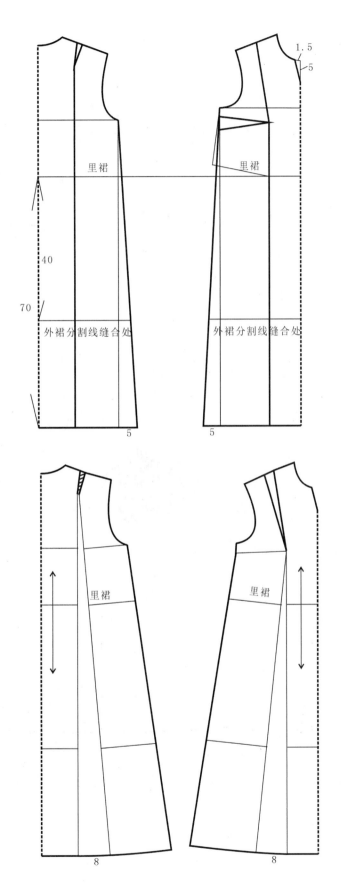

图 5-42 结构设计图

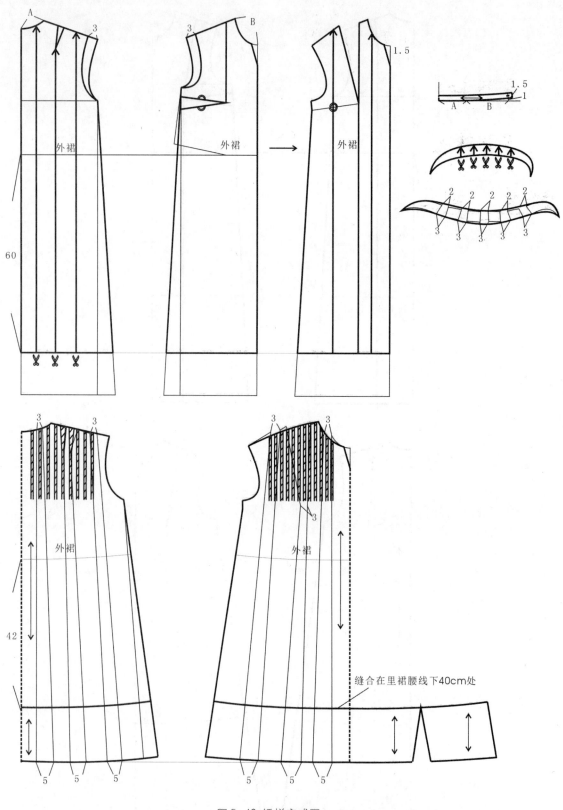

图 5-43 纸样完成图

十四、款式14：吊带侧坠打褶连衣裙

（一）款式图（图5-44）

图5-44 吊带侧坠打褶连衣裙款式图

（二）规格尺寸表（表5-14）

表5-14 规格尺寸表　　　　　　　　　　　　　　　　　单位：cm

尺码	胸围（里裙）	腰围	臀围	后衣长	袖长
S	90	—	92	93	—
M	94	—	96	97	—
L	98	—	100	101	—
XL	102	—	104	105	—

（三）制图要点

分为里裙和外层衣片两层制图：

（1）在衣片基本纸样的基础上，画出吊带裙的领口和肩、袖形状；

（2）画出自领口线至裙摆的分割线，剪开，加入褶量，前片腋下省转入分割线；在前后中心线上加出6cm的打褶量；裙摆画出侧缝的垂坠角；

（3）在里裙领口、袖窿形状的基础上，画出外层衣片的形状，并剪开打褶位，加入打褶量，前片腋下省转入褶中。

（四）结构设计与纸样（图5-45、图5-46）

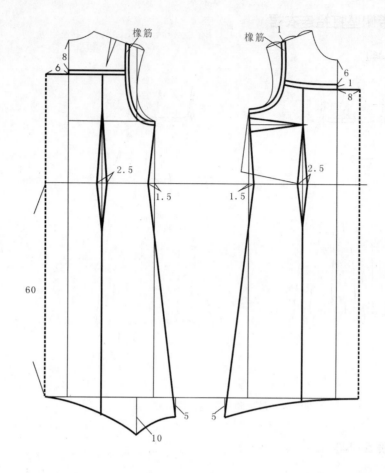

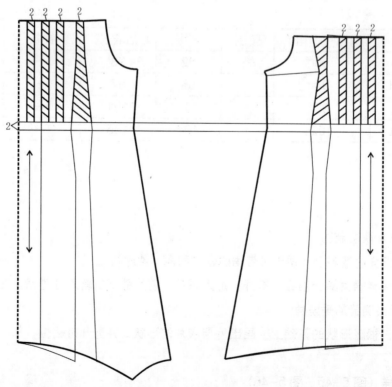

图 5-45 结构设计图

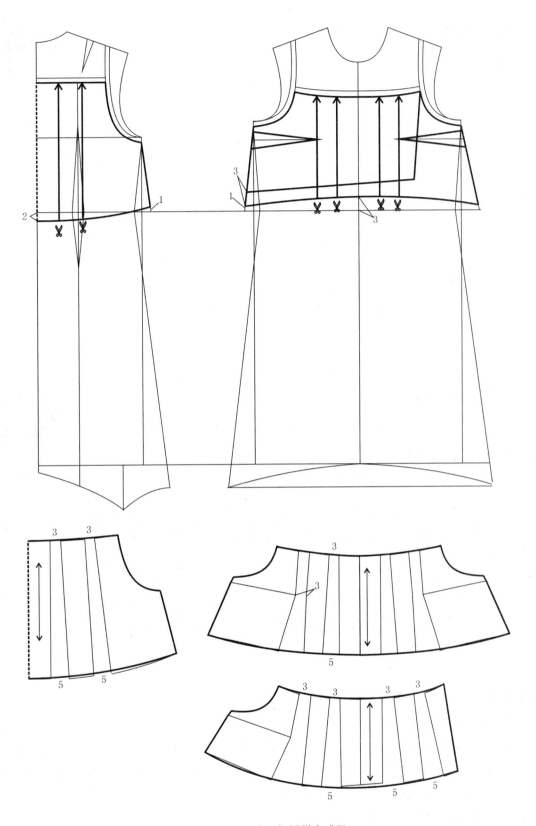

图 5-46 纸样完成图

十五、款式15：吊带不对称大摆连衣裙

（一）款式图（图5-47）

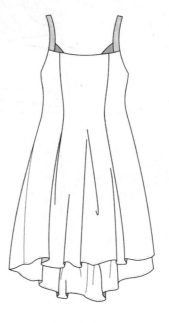

图5-47 吊带不对称大摆连衣裙款式图

（二）规格尺寸表（表5-15）

表5-15 规格尺寸表   单位：cm

尺码	胸围（里裙）	腰围	臀围	后衣长	袖长
S	86	70	—	98	—
M	90	74	—	102	—
L	94	78	—	106	—
XL	98	82	—	110	—

（三）制图要点

分为里裙和外裙两层制图：

（1）里层裙在衣片基本纸样的基础上，画出吊带裙的领型和肩、袖形状，断开腰线，裙子剪开加入打褶量。

（2）外层左侧裙片：腰省延长至裙摆，腋下省转移至这条分割线内，剪开前片打褶位，加入打褶量；

（3）外层右侧裙片：将腰线分隔开，腋下省转移至腰省内，剪开裙摆，加入打褶量；

（4）后片直接剪开，加入裙摆量。

（四）结构设计与纸样（图5-48～图5-51）

170

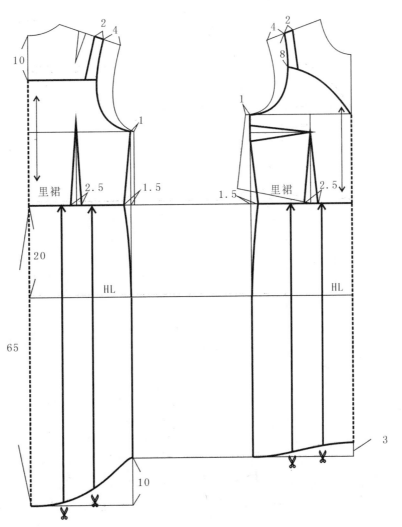

图 5-48 里裙结构设计图

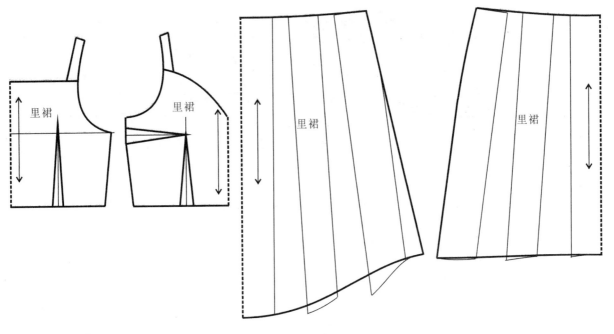

图 5-49 里裙纸样完成图

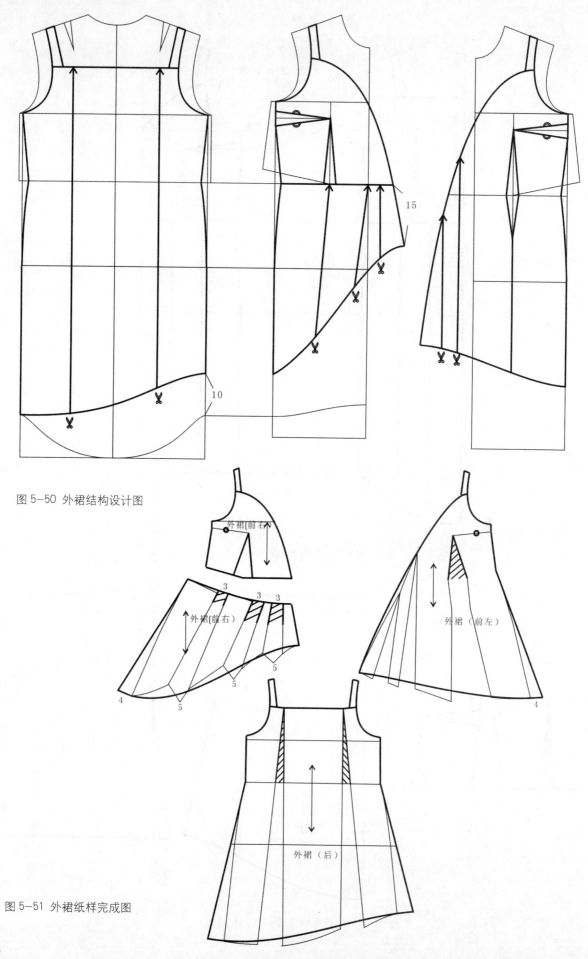

图 5-50 外裙结构设计图

外裙(前右)

外裙（前右）

外裙（前左）

外裙（后）

图 5-51 外裙纸样完成图

十六、款式 16：搭接打褶吊带连衣裙

（一）款式图（图 5-52）

图 5-52 搭接打褶吊带连衣裙款式图

（二）规格尺寸表（表 5-16）

表 5-16 规格尺寸表 　　　　　　　　　　　　　　　　　　单位：cm

尺码	胸围（里裙）	腰围	臀围	后衣长	袖长
S	86	74	—	91	—
M	90	78	—	95	—
L	94	82	—	99	—
XL	98	86	—	103	—

（三）制图要点

（1）在衣片基本纸样的基础上，画出吊带裙的领口和肩、袖形状，前后侧缝各收紧胸围放松量 1cm，收腰省 3cm，画出不对称裙摆形状；

（2）画出后片的分割线形状，剪开打褶位，加打褶量；

（3）左前片将腋下省转移至领口位置，右前片将腋下省转移至前中心线，在转开的省位上设置打褶位，剪开，加入打褶量。

（四）结构设计与纸样（图 5-53～图 5-56）

图 5-53 结构设计图

图 5-54 后片纸样完成图

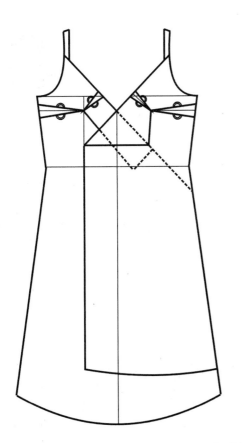
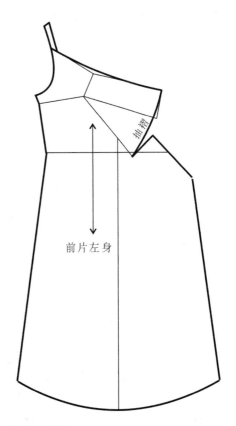

图 5-55 前片左身结构图与纸样完成图

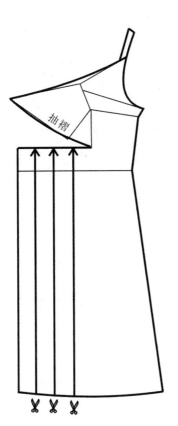
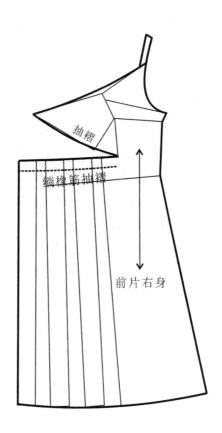

图 5-56 前片右身结构图与纸样完成图

十七、款式 17：前荷叶边无袖连衣裙

（一）款式图（图 5-57）

图 5-57 前荷叶边无袖连衣裙款式图

（二）规格尺寸表（表 5-17）

表 5-17 规格尺寸表　　　　　　　　　　　　　　　　　单位：cm

尺码	胸围	腰围	臀围	后衣长	袖长
S	88	72	—	100	—
M	92	76	—	104	—
L	96	80	—	108	—
XL	100	84	—	112	—

（三）制图要点

（1）在衣片基本纸样的基础上，前后肩点收进 2cm，确定肩线长 4cm，画出前后领口形状；前片侧缝的胸围放松量收紧 1cm，前后侧缝收腰 1.5cm；

（2）画出前后片刀背缝，在腰线上各收省 2.5cm；因前片领口比较深，不易紧贴人体，所以加收 1cm 领口省；前片腋下省和领口省转入刀背缝中；

（3）画出荷叶边，宽为 5cm，长为 120cm；

（4）画裙片的方法：前、后片腰围线尺寸加上打褶量 6cm，侧缝起翘 4cm，画出裙片褶边。

（四）结构设计与纸样（图 5-58、图 5-59）

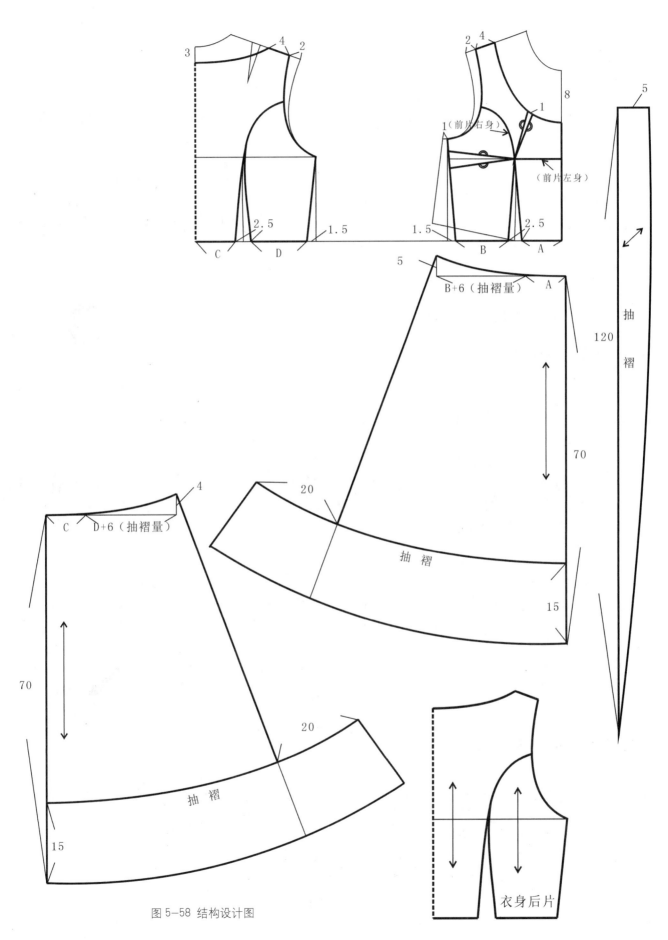

图 5-58 结构设计图

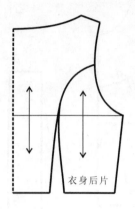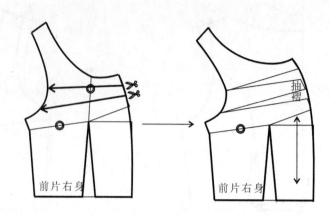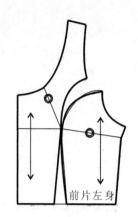

衣身后片　　前片右身　　前片右身　　前片左身

图 5-59　纸样完成图

十八、款式 18：系带假两件连衣裙

（一）款式图（图 5-60）

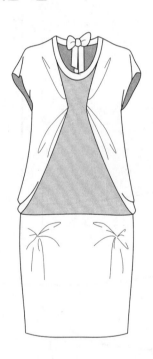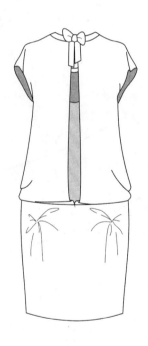

图 5-60　系带假两件连衣裙款式图

（二）规格尺寸表（表 5-18）

表 5-18　规格尺寸表　　　　　　　　　　　　　　　　单位：cm

尺码	胸围	腰围	臀围	后衣长	袖长
S	94	72	102	83	9
M	98	76	106	87	9
L	102	80	110	91	9
XL	106	84	114	95	9

（三）制图要点

分里层和外层制图：

（1）外层衣片在衣片基本纸样的基础上，前肩点抬高 1cm，前肩线延长 10cm，后肩点抬高 1.5cm，后肩线延长 8.5cm；前后片侧缝加放 1cm 胸围放松量，画出领口和分割线；剪开分割线上的打褶位，加入打褶量；

（2）里层背心在前、后侧缝处收紧，使胸围放松量减小 1cm，前肩线宽 4cm，后背呈露肩款式；

（3）低腰裙片加出打褶量。

（四）结构设计与纸样（图 5-61、图 5-62）

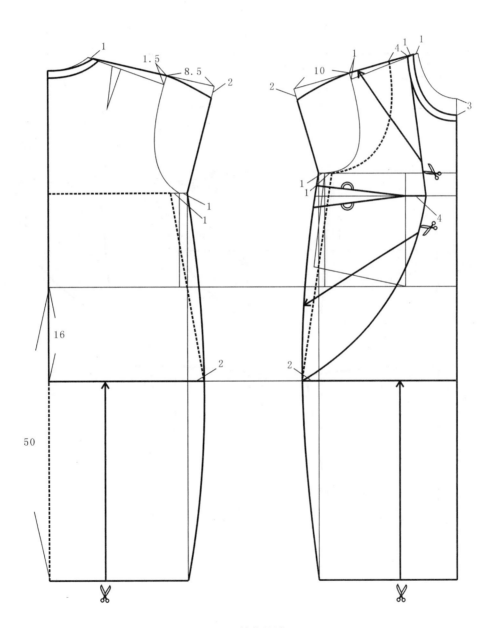

图 5-61 结构设计图

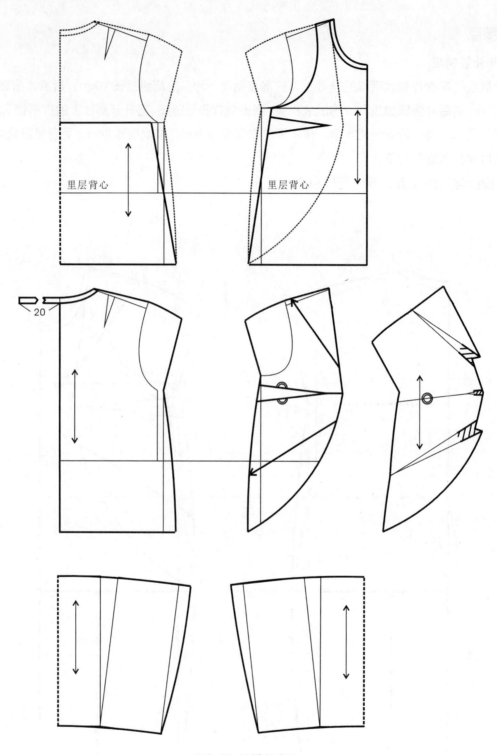

里层背心

里层背心

20

图 5-62 纸样完成图

十九、款式19：裂口分割线连衣裙

（一）款式图（图5-63）

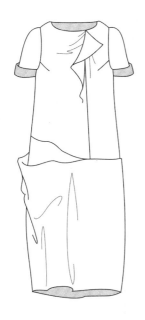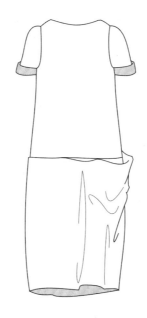

图 5-63 裂口分割线连衣裙款式图

（二）规格尺寸表（表5-19）

表 5-19 规格尺寸表 　　　　　　　　　　　　　　　　　　　单位：cm

尺码	胸围	腰围	臀围	后衣长	袖长
S	90	—	102	103	20
M	94	—	106	107	21
L	96	—	110	111	22
XL	100	—	114	115	23

（三）制图要点

（1）在衣片基本纸样的基础上，前、后肩点各收紧2cm，肩线延长4cm；腋下省转移为袖窿省；剪开前中心线的打褶位，加入打褶量；画出前领口的垂褶边；

（2）在裙子纸样的基础上，再画一层外层裙片，缝合时不完全缝合，形成裂口；

（3）袖子袖山高15cm，袖长21cm，画出袖口翻折边。

（四）结构设计与纸样（图5-64、图5-65）

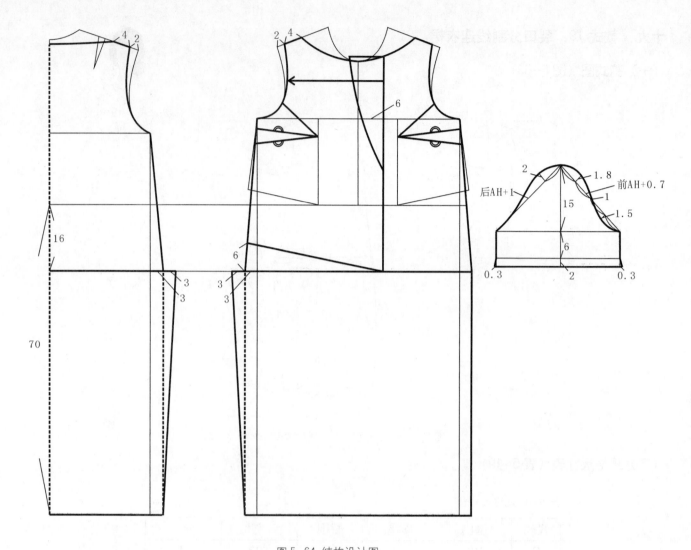

图 5-64 结构设计图

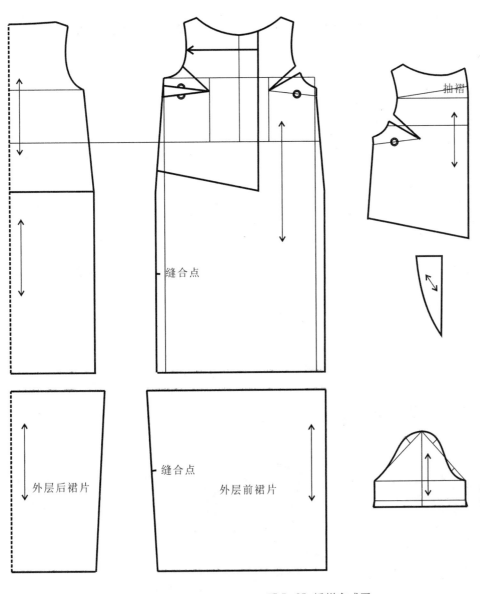

缝合点

抽褶

外层后裙片

缝合点

外层前裙片

图 5-65 纸样完成图

二十、款式 20：多分割线修身连衣裙

（一）款式图（图 5-66）

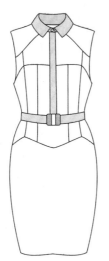

图 5-66 多分割线修身

连衣裙款式图

（二）规格尺寸表（表5-20）

表5-20 规格尺寸表　　　　　　　　　　　　　　　　　　　　　　　　单位：cm

尺码	胸围	腰围	臀围	后衣长	领高
S	86	69	90	83	6
M	90	73	94	87	6
L	94	77	98	91	6
XL	98	81	102	95	6

（三）制图要点

（1）在衣片基本纸样的基础上，前、后肩点各收进2cm，画出肩育克；前、后片侧缝收紧，使胸围放松量减小1cm，腰围收紧1.5cm；

（2）前、后片包含腰省的分割线，前片收腰3cm，后片收腰2.5cm；再画出其他分割线，前片腋下省可转移至分割线内；

（3）将前片的一个省分为两份，在两个分割线处收省；

（4）画出明门襟和连体企领。

（四）结构设计与纸样（图5-67、图5-68）

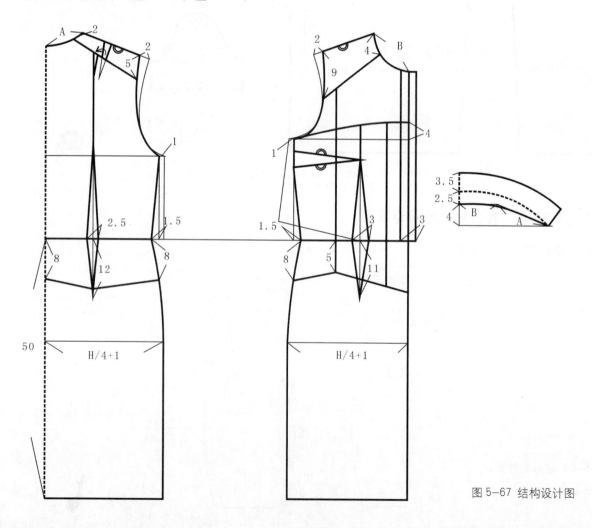

图5-67 结构设计图

图 5-68 纸样完成图

第六章 外套结构
设计与纸样

一、款式1：宽腰拉链短夹克

（一）款式图（图6-1）

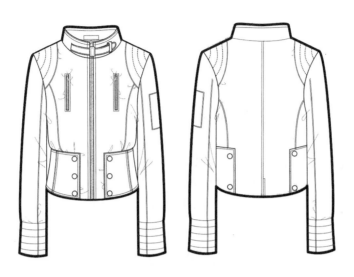

图6-1 宽腰拉链短夹克款式图

（二）规格尺寸表（表6-1）

表6-1 规格尺寸表　　　　　　　　　　　　　　　　　　单位：cm

尺码	胸围	腰围	后衣长	袖长
S	104	90	47	58
M	106	94	49	60
L	110	98	51	62
XL	114	102	53	64

（三）制图要点

（1）在衣片基本纸样的基础上，侧颈点打开1cm，前颈点下落1.5cm，前肩点抬高1.2cm，后肩点抬高1.5cm，前、后肩线各延长2cm；

（2）前、后片侧缝各加放胸围放松量2cm，前、后中心线加放1cm，腋下点下落4cm，加出衣长12cm；

（3）画前、后片肩部分割线和刀背缝，肩胛省平移至后肩育克分割线，前片腋下省转移至前刀背缝；

（4）画出腰部育克，前、后片侧缝收腰1cm，育克分割线收腰2cm；

（5）袖山高16cm，袖长60cm，前袖中线、后袖中线断开成分割线，收紧袖口。

（四）结构设计与纸样（图6-2、图6-3）

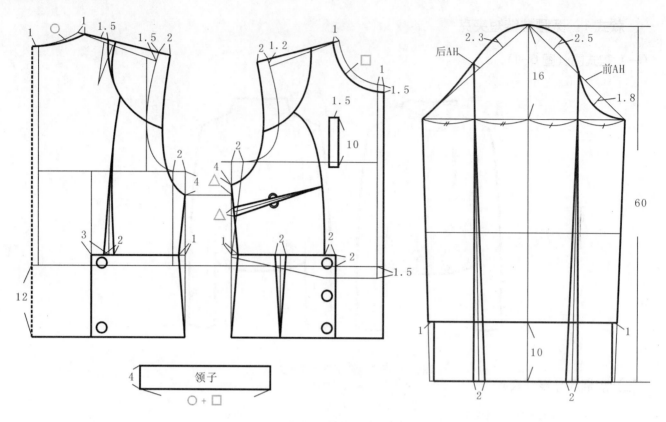

图 6-2 结构设计图

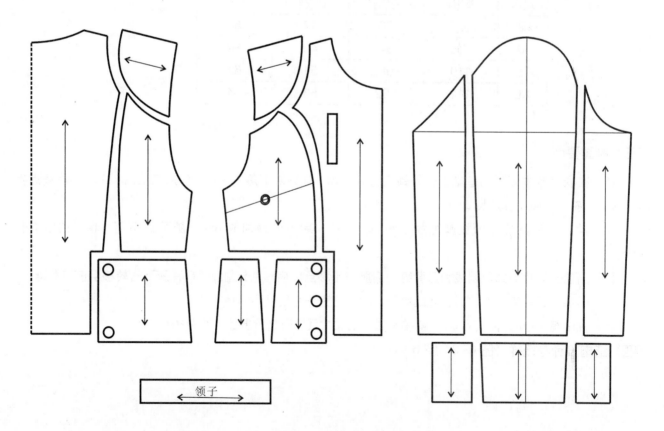

图 6-3 纸样完成图

二、款式 2：不对称对搭拉链短夹克

（一）款式图（图 6-4）

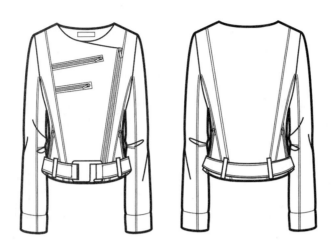

图 6-4 不对称对搭拉链短夹克款式图

（二）规格尺寸表（表 6-2）

表 6-2 规格尺寸表　　　　　　　　　　　　　　单位：cm

尺码	胸围	腰围	后衣长	袖长
S	98	94	47	58
M	102	98	49	60
L	106	102	51	62
XL	110	106	53	64

（三）制图要点

（1）在衣片基本纸样的基础上，侧颈点打开 1cm，前颈点下落 1.5cm，前肩点抬高 1.2cm，后肩点抬高 1.5cm，前、后肩线各延长 2cm；

（2）前、后片侧缝各加放胸围放松量 2cm，腋下点下落 3cm，加出衣长 12cm；

（3）画前、后片公主线、胸宽和背宽纵向分割线，肩省在公主线内收，腋下省转入公主线；

（4）画出前片搭门量和装饰拉链袋；

（5）袖山高 15cm，袖长 60cm，后袖中线断开成分割线，收紧袖口 4cm。

（四）结构设计与纸样（图 6-5、图 6-6）

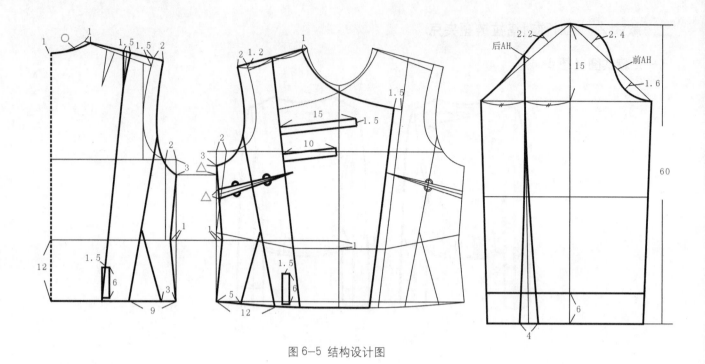

图 6-5 结构设计图

图 6-6 纸样完成图

三、款式 3：端肩分割线短夹克

（一）款式图（图 6-7）

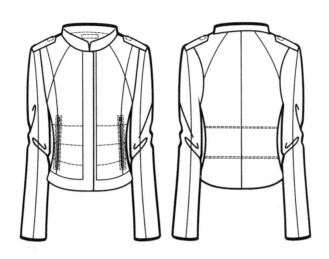

图 6-7 端肩分割线短夹克款式图

（二）规格尺寸表（表 6-3）

表 6-3 规格尺寸表　　　　　　　　　　　　　　　　单位：cm

尺码	胸围	腰围	后衣长	袖长
S	98	82	47	56
M	100	86	49	58
L	106	90	51	60
XL	110	94	53	62

（三）制图要点

（1）在衣片基本纸样的基础上，前肩点抬高 1cm，后肩点抬高 1.2cm，前、后肩线各延长 1cm；

（2）前、后片侧缝各加放胸围放松量 2cm 和 1cm，腋下点下落 2cm，加出衣长 12cm；

（3）画前、后片育克分割线和前片公主线，肩省转移至育克分割线，腋下省转入公主线；后中线、侧缝收腰 1.5cm，前公主线收腰 2.5cm；

（4）画出前门襟分割线和肩襻；

（5）袖山高 15cm，袖长 58cm，分割出袖山上的分割线，剪开后加入余量，使余量大于袖身对应缝合线 1cm，形成端肩效果。

（四）结构设计与纸样（图 6-8、图 6-9）

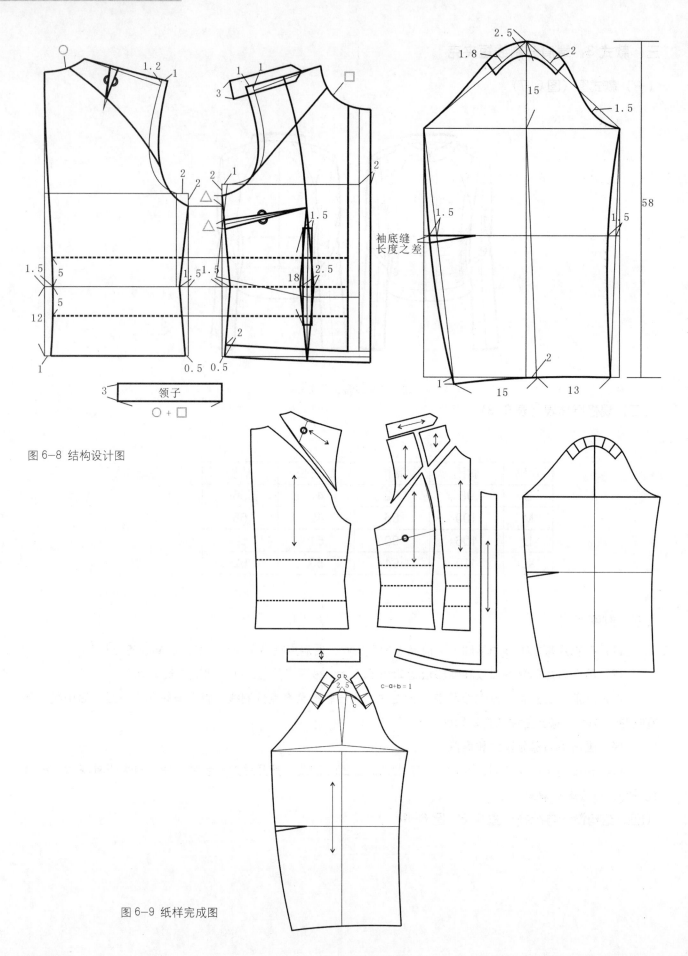

领子

○ + □

图 6-8 结构设计图

袖底缝
长度之差

图 6-9 纸样完成图

四、款式4：插肩袖系带风衣

（一）款式图（图6-10）

图6-10 插肩袖系带风衣款式图

（二）规格尺寸表（表6-4）

表6-4 规格尺寸表   单位：cm

尺码	胸围	臀围	后衣长	袖长
S	100	104	84	58
M	104	108	88	60
L	108	112	92	62
XL	112	116	96	64

（三）制图要点

（1）在衣片基本纸样的基础上，后颈点抬高1cm，前颈点下落1cm，前肩点抬高0.7cm，后肩点抬高1.2cm，前、后肩线各延长2cm；

（2）前、后片侧缝各加放胸围放松量3cm和2cm，腋下点下落3cm，加出衣长50cm；

（3）按插肩袖的制图方法画出插肩袖，袖山高11cm，袖长60cm，袖口宽16cm；

（4）画前、后片纵向分割线，在分割线上收腰2cm，并加出衣摆放松量；腋下省转入前片分割线；画出连体企领和腰带纸样。

（四）结构设计与纸样（图6-11、图6-12）

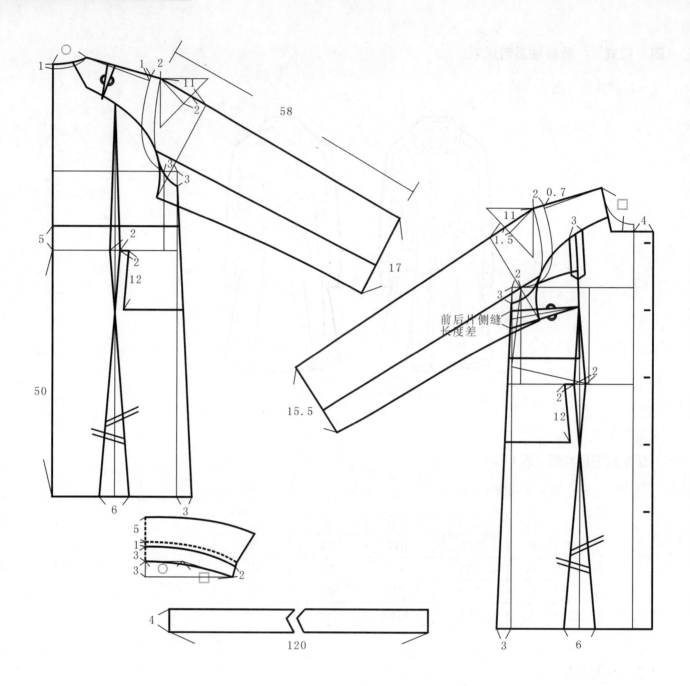

图 6-11 结构设计图

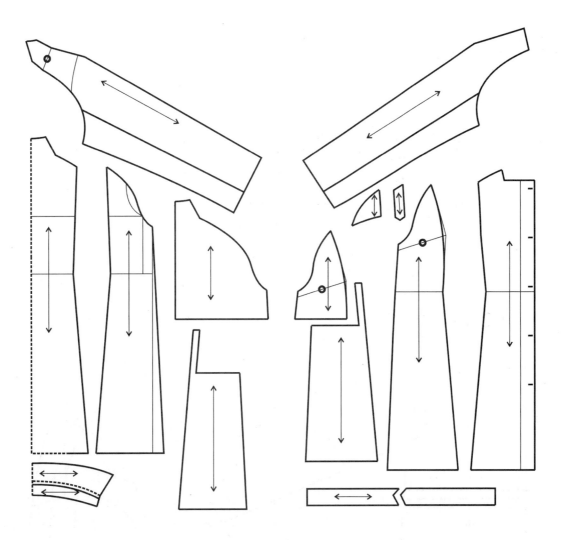

图 6-12 纸样完成图

五、款式 5：宽松垂肩荷叶领大衣

（一）款式图（图 6-13）

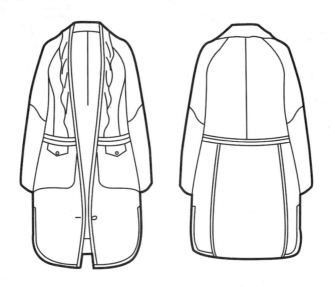

图 6-13 宽松垂肩荷叶领大衣款式图

（二）规格尺寸表（表6-5）

表6-5 规格尺寸表　　　　　　　　　　　　　　　　　　　单位：cm

尺码	胸围	臀围	后衣长	袖长
S	110	116	103	60
M	114	120	107	62
L	118	124	111	64
XL	122	128	115	66

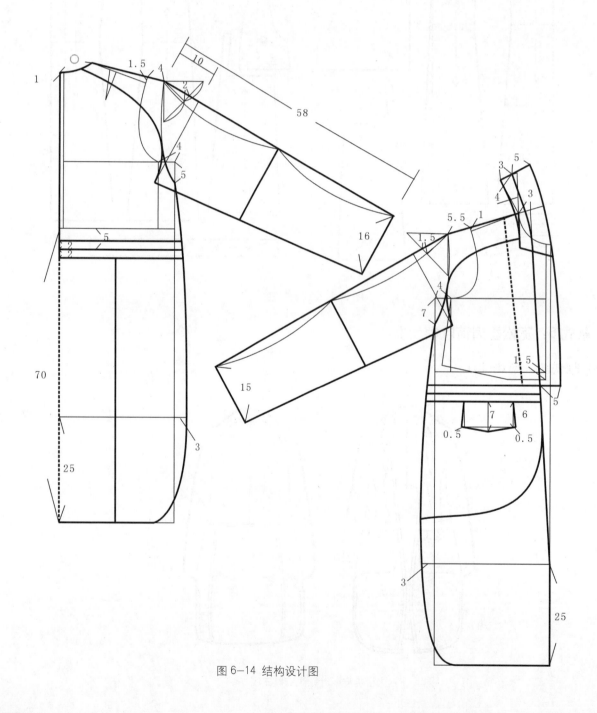

图6-14 结构设计图

（三）制图要点

(1) 在衣片基本纸样的基础上，前肩点抬高 1cm，后肩点抬高 1.5cm，前、后肩线各延长 4cm；

(2) 前、后片侧缝各加放胸围放松量 4cm，腋下点分别下落 7cm 和 5cm，加出衣长 70cm；

(3) 按宽松型插肩袖的制图方法画出插肩袖，袖山高 10cm，袖长 58cm，袖口宽 16cm；

(4) 画出前、后片腰部、衣身分割线和口袋等；

(5) 画出青果领纸样，将领面断开，剪开打褶位，加出打褶量，形成荷叶领形状。

（四）结构设计与纸样（图 6-14、图 6-15）

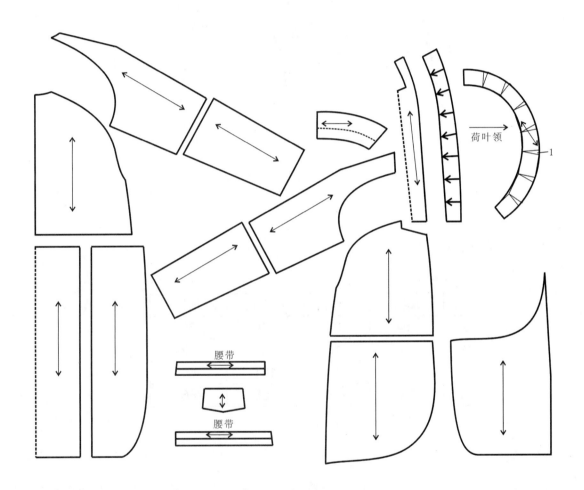

图 6-15 纸样完成图

六、款式6：翻驳领大贴袋大衣

（一）款式图（图6-16）

图6-16 翻驳领大贴袋大衣款式图

（二）规格尺寸表（表6-6）

表6-6 规格尺寸表　　　　　　　　　　　　　　单位：cm

尺码	胸围	臀围	后衣长	袖长
S	104	106	93	60
M	108	110	97	62
L	112	114	101	64
XL	116	118	105	66

（三）制图要点

（1）在衣片基本纸样的基础上，前肩点抬高1cm，后肩点抬高1.5cm，前、后肩线各延长2cm；

（2）前、后片侧缝各加放胸围放松量3cm，后中心线加放胸围放松量1cm，后片腋下点下落4cm，前片腋下点与之等高，加出衣长60cm；

（3）画前、后片分割线、腰带襻等，前侧片加出一块面积略大的口袋面布；

（4）袖子袖山高18cm，袖长60cm，收紧袖口，画出袖山横向分割线和肘部贴布；

（5）在衣身上画出驳领，翻领按照连体企领制图方法作图。

（四）结构设计与纸样（图6-17、图6-18）

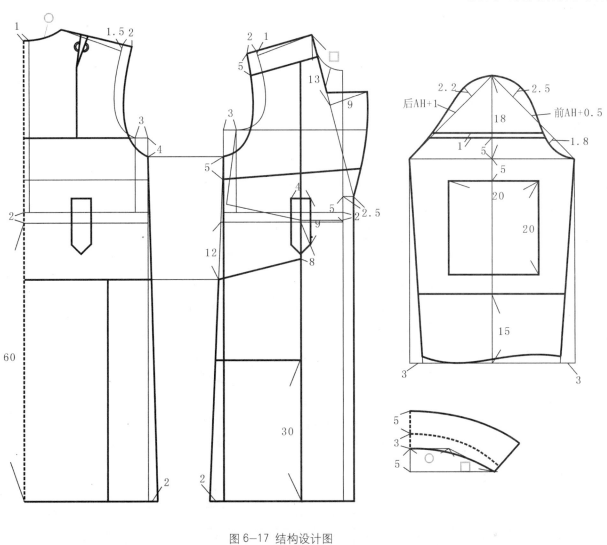

图 6-17 结构设计图

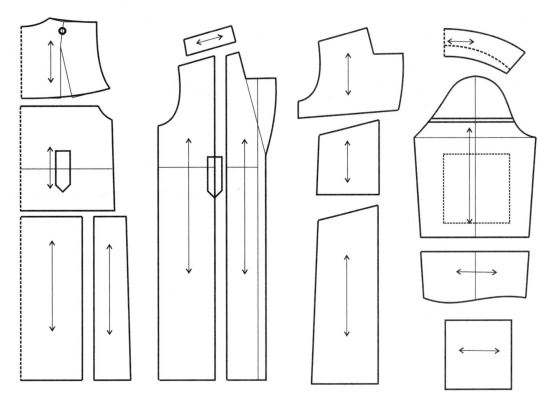

图 6-18 纸样完成图

七、款式 7：垫肩修长款大衣

（一）款式图（图 6-19）

图 6-19 垫肩修长款大衣款式图

（二）规格尺寸表（表 6-7）

表 6-7 规格尺寸表　　　　　　　　　　　　　　　　　单位：cm

尺码	胸围	臀围	后衣长	袖长
S	98	98	88	60
M	102	102	92	62
L	106	106	96	64
XL	110	110	100	66

（三）制图要点

（1）在衣片基本纸样的基础上，前肩点抬高 1.5cm，后肩点抬高 2cm，前、后肩线各延长 2cm；

（2）前、后片侧缝各加放胸围放松量 2cm，前、后片腋下点分别下落 4cm 和 3cm，加出衣长 55cm，侧缝在腰线上收腰 1.5cm，在衣摆上加出 3cm；

（3）画前、后片分割线，腰带襻等，后片刀背缝收腰，放出衣摆；

（4）袖子袖山高 18cm，袖长 60cm，肘部收紧，画出袖口和上臂贴布；

（5）画出明门襟和连体企领。

（四）结构设计与纸样（图 6-20、图 6-21）

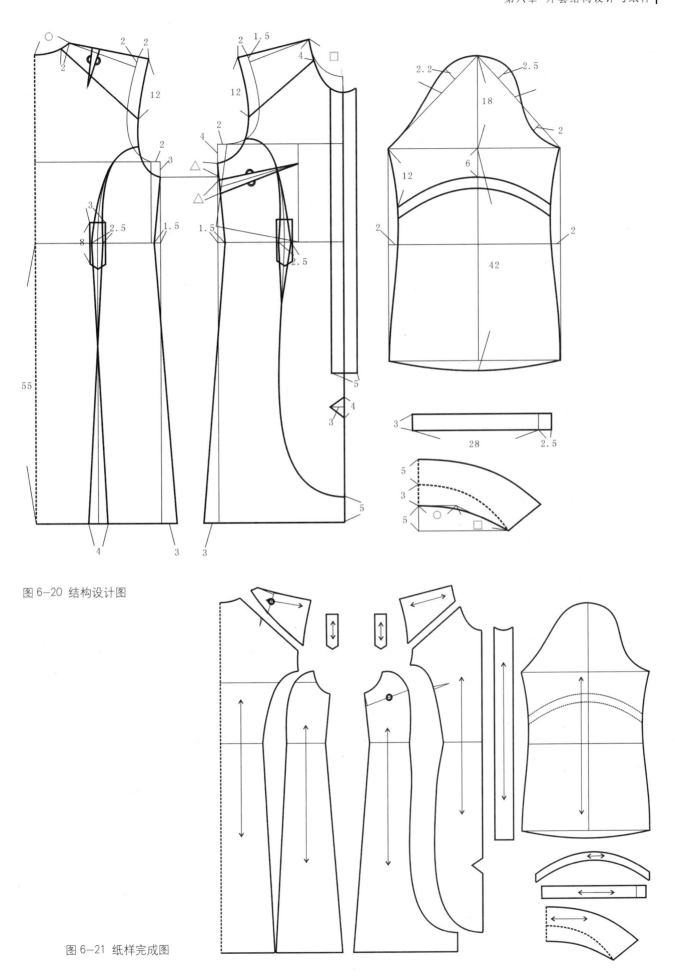

图 6-20 结构设计图

图 6-21 纸样完成图

八、款式 8：马甲式大贴袋大衣

（一）款式图（图 6-22）

图 6-22 马甲式大贴袋大衣款式图

（二）规格尺寸表（表 6-8）

表 6-8 规格尺寸表   单位：cm

尺码	胸围	臀围	后衣长	袖长
S	104	104	93	60
M	108	108	97	62
L	112	112	111	64
XL	116	116	115	66

（三）制图要点

（1）在衣片基本纸样的基础上，前肩点抬高 1.8cm，后肩点抬高 2cm，前、后肩线各延长 3cm，外层马甲袖长延长 10cm；

（2）前、后片侧缝各加放胸围放松量 4cm 和 3cm，后片腋下点下落 5cm，前片腋下点下落与之等高，加出衣长 60cm；

（3）画前、后片分割线，大贴袋，明门襟等；

（4）袖子袖山高 12cm，袖长 60cm，肘部收紧，画出袖口襻带；

（5）画出立领。

（四）结构设计与纸样（图 6-23、图 6-24）

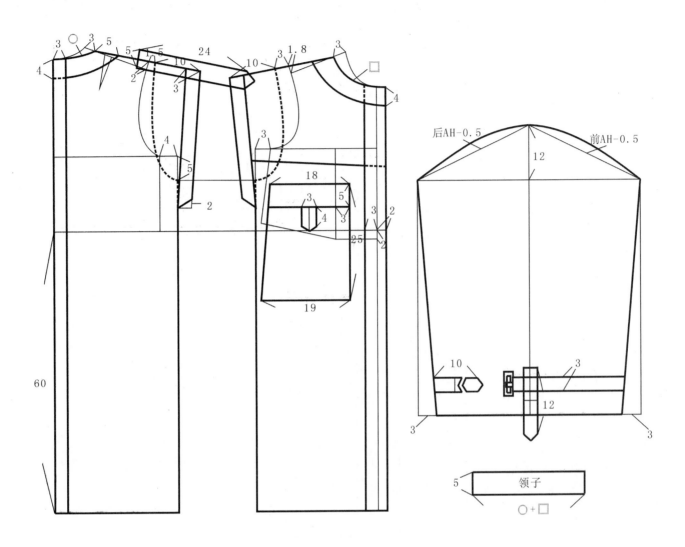

图 6-23 结构设计图

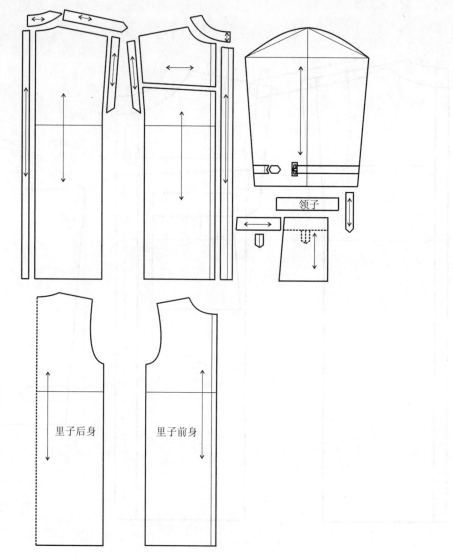

图 6-24 纸样完成图

九、款式 9：大翻领花瓣形棉衣

（一）款式图（图 6-25）

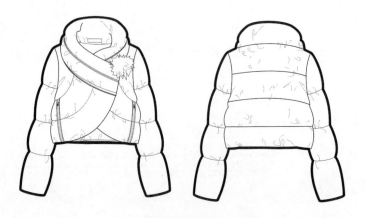

图 6-25 大翻领花瓣形棉衣款式图

（二）规格尺寸表（表6-9）

表6-9 规格尺寸表 　　　　　　　　单位：cm

尺码	胸围	后衣长	袖长
S	106	39	60
M	110	41	62
L	114	43	64
XL	118	45	66

（三）制图要点

（1）在衣片基本纸样的基础上，前肩线平行抬高0.7cm，前肩点抬高0.7cm，后肩线平行抬高1cm，后肩点抬高1cm，后肩线延长2cm，前肩线延长3.5cm；

（2）前、后片侧缝各加放胸围放松量3cm，后片腋下点下落4cm，前片腋下点下落与之等高，加出衣长4cm；

（3）画前、后片领口形状和前门襟；

（4）袖子袖山高17cm，袖长62cm，袖口收紧；

（5）画出宽为10cm的立领（虚线为固定棉花的绗缝线迹）。

（四）结构设计与纸样（图6-26、图6-27）

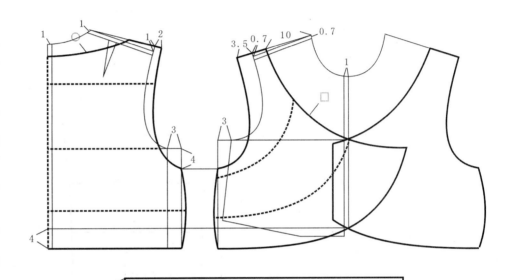

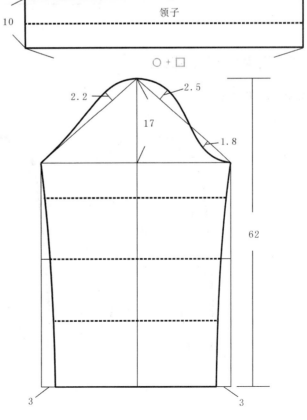

图6-26 结构设计图

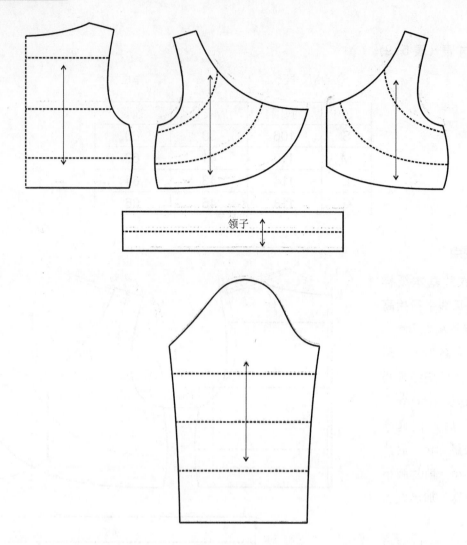

图 6-27 纸样完成图

十、款式 10：马甲式大贴袋棉衣

（一）款式图（图 6-28）

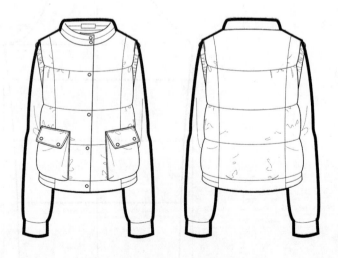

图 6-28 马甲式大贴袋棉衣款式图

（二）规格尺寸表（表 6-10）

表 6-10 规格尺寸表   单位：cm

尺码	胸围	臀围	后衣长	袖长
S	110	110	60	60
M	114	114	62	62
L	118	118	64	64
XL	122	122	66	66

（三）制图要点

（1）在衣片基本纸样的基础上，前肩线平行抬高1.5cm，前肩点抬高1cm，后肩线平行抬高2cm，后肩点抬高1cm，前、后肩线各延长3cm；

（2）前、后片侧缝各加放胸围放松量4cm，前后片中心线各加放胸围放松量1cm，后片腋下点下落6cm，前片腋下点下落与之等高，加出衣长25cm；

（3）画前、后片分割线，大贴袋、明门襟等，分割出袖窿处的罗纹束紧条和底摆的罗纹衣摆；

（4）袖子袖山高16cm，袖长57cm，袖口收紧，画出袖口罗纹；

（5）画出立领。

（四）结构设计与纸样（图 6-29、图 6-30）

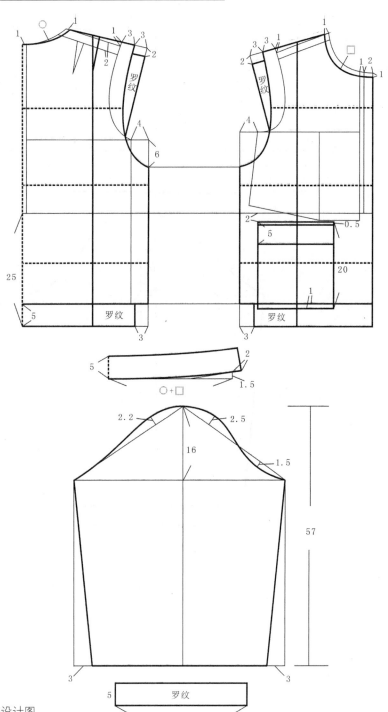

图 6-29 结构设计图

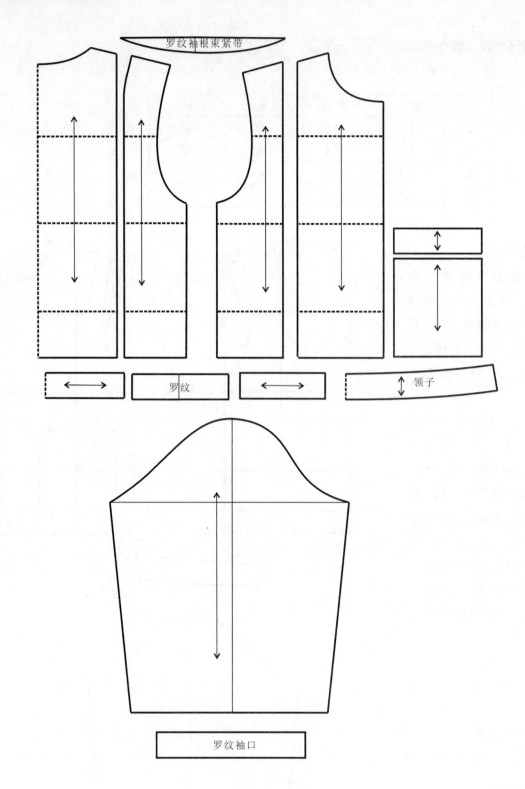

图 6-30 纸样完成图

十一、款式 11：立领公主线薄棉衣

（一）款式图（图 6-31）

图 6-31 立领公主线薄棉衣款式图

（二）规格尺寸表（表 6-11）

表 6-11 规格尺寸表   单位：cm

尺码	胸围	腰围	臀围	后衣长	袖长
S	106	94	106	55	60
M	110	98	110	57	62
L	114	102	114	59	64
XL	118	106	118	61	66

（三）制图要点

（1）在衣片基本纸样的基础上，前肩点抬高 1cm，后肩点抬高 1.5cm，前、后肩线各延长 2cm；侧颈点打开 1cm，后颈点抬高 1cm，前颈点下落 2cm；

（2）前、后片侧缝各加放胸围放松量 3cm，前后片中心线各加放胸围放松量 1cm，后片腋下点下落 4cm，前片腋下点下落与之等高，加出衣长 20cm；

（3）画前、后片公主线、门襟、口袋等，标记固定棉花的绗缝线（虚线）；

（4）袖子袖山高 16cm，袖长 52cm，袖口收紧，画出罗纹袖口，袖口宽 10cm；

（5）画出立领。

（四）结构设计与纸样（图 6-32、图 6-33）

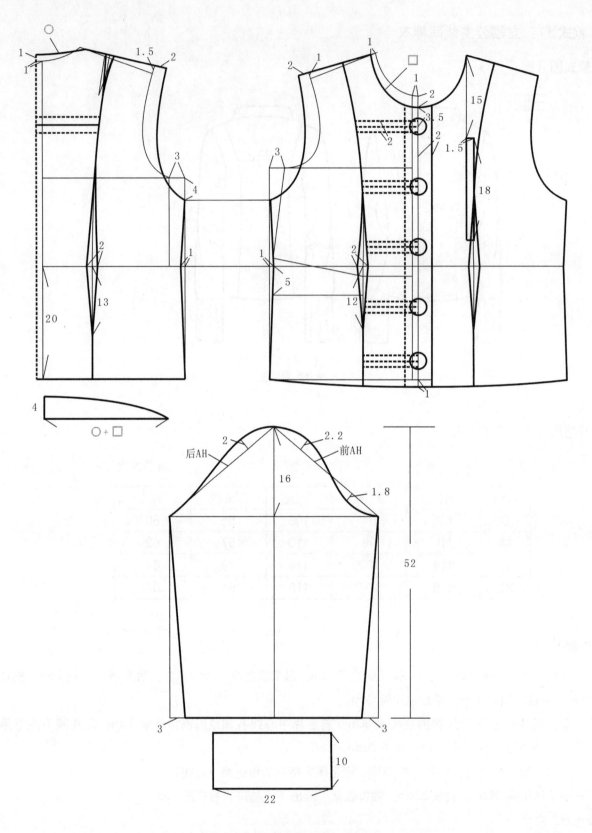

图6-32 结构设计图

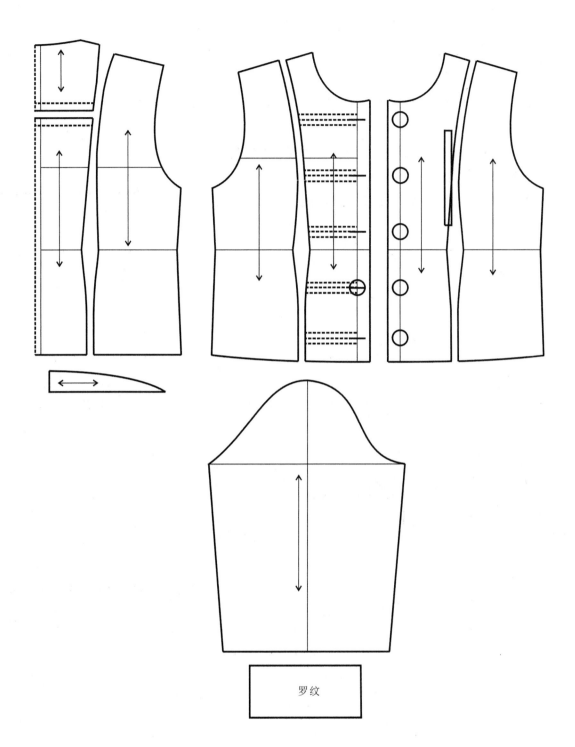

图 6-33 纸样完成图

罗纹

参考文献

[1][日]登丽美服装学院.日本登丽美时装造型·工艺设计：女衬衫、连衣裙[M].上海：东华大学出版社，2003.

[2][日]文化服装学院.文化服装讲座[M].北京：中国纺织出版社，2006.

[3]张文斌.服装制版·提高篇[M].上海：东华大学出版社，2014.

[4[刘瑞璞.最新女装结构设计[M].北京：中国纺织出版社，2009.